Lecture Notes in Mathematics

Edited by A. Dold and B. Eckmann

T0253497

666

Bernard Beauzamy

Espaces d'Interpolation Réels: Topologie et Géométrie

Springer-Verlag
Berlin Heidelberg New York 1978

Auteur
Bernard Beauzamy
Centre de Mathématiques
de l'Ecole Polytechnique
Plateau de Palaiseau
F-91128 Palaiseau

AMS Subject Classifications (1970): 46B10, 46E35

ISBN 3-540-08923-3 Springer-Verlag Berlin Heidelberg New York
ISBN 0-387-08923-3 Springer-Verlag New York Heidelberg Berlin

This work is subject to copyright. All rights are reserved, whether the whole or part of the material is concerned, specifically those of translation, reprinting, re-use of illustrations, broadcasting, reproduction by photocopying machine or similar means, and storage in data banks. Under § 54 of the German Copyright Law where copies are made for other than private use, a fee is payable to the publisher, the amount of the fee to be determined by agreement with the publisher.

© by Springer-Verlag Berlin Heidelberg 1978
Printed in Germany

Printing and binding: Beltz Offsetdruck, Hemsbach/Bergstr.
2141/3140-543210

INTRODUCTION

Si deux espaces de Banach A_o et A_1 sont donnés, on peut souhaiter fabriquer une gamme d'espaces de Banach s'étendant "continûment" de A_o à A_1, c'est à dire une gamme d'espaces intermédiaires entre A_o et A_1 en ce sens que leurs propriétés forment une transition entre celles de A_o et celles de A_1.

Cette construction est possible dans certaines conditions, et plusieurs méthodes permettent de la réaliser. Les espaces ainsi construits s'appellent espaces d'Interpolation. Les deux méthodes les plus employées sont la méthode dite d'"Interpolation complexe" (introduite par A. Calderon [B5] et J.L. Lions et S. Krein [B6] indépendamment) et la méthode d'"Interpolation réelle", (dont le "père" est M. Riesz), développée par J.L. Lions et J. Peetre [19].

Les espaces intermédiaires ainsi fabriqués par l'une ou l'autre méthode possèdent la propriété d'interpolation des opérateurs : si l'on se donne deux couples A_o, A_1 et B_o, B_1, et un opérateur linéaire, continu à la fois de A_o dans B_o et de A_1 dans B_1, il sera aussi continu des espaces intermédiaires entre A_o et A_1 dans les espaces intermédiaires entre B_o et B_1.

Les espaces et la propriété d'Interpolation se sont révélés très utiles. En particulier, les espaces construits entre les espaces L^p ont de nombreuses applications pour l'étude des Equations aux Dérivées Partielles. Par exemple, par la méthode complexe, entre deux espaces L^p, on obtient les espaces de Sobolev, par la méthode réelle, les espaces de Besov, et ces deux classes d'espaces jouent un rôle important pour l'étude de l'existence et de la régularité des solutions de certaines Equations aux Dérivées Partielles. On pourra, par exemple, consulter sur ces questions l'article d'Aronszajn et Gagliardo [B1] ou le livre plus récent de J. Bergh et I. Löfström [B3]. Une autre application intéressante est donnée par les liens avec les semi-groupes d'opérateurs; ces liens sont décrits dans le livre de P. Butzer et H. Berens [B4] ,(dont la notice "historique" fournira d'autres renseignements sur ce sujet).

Les principales propriétés des espaces d'Interpolation entre deux espaces L^p sont assez bien connues, car une étude directe permet souvent une description explicite. On sait par exemple lesquels sont des espaces de Hilbert, lesquels sont des Banach réflexifs, ... etc. Mais, si l'on part d'espaces plus généraux, comme les L^p avec poids, ou les espaces de Sobolev ou de Besov d'ordre variable, ou si l'on part d'espaces de Banach définis de façon plus abstraite, les espaces intermédiaires obtenus par l'une ou l'autre méthode ne sont plus aussi bien connus; il serait cependant utile de savoir qu'ils possèdent telle ou telle propriété.

Nous sommes donc naturellement conduits à nous poser la question générale suivante : à quelle condition (portant sur A_o, ou sur A_1 , ou sur la "position" de A_o par rapport à A_1) les espaces intermédiaires entre A_o et A_1 possèdent - ils une propriété donnée ?

Celles que nous envisagerons seront naturellement celles qui sont le plus fréquemment utilisées pour l'étude de la Géométrie des espaces de Banach. Le procédé d'Interpolation de Lions - Peetre (méthode "réelle") paraît être le mieux adapté à ces questions; nous nous limiterons donc à l'étude des espaces qu'il permet d'obtenir, sans nous intéresser à ceux que donnent les autres procédés.

Il va de soi qu'il est nécessaire de commencer par faire une étude détaillée et approfondie de la structure générale de ces espaces d'Interpolation réels. Ceux-ci étant, comme nous l'avons dit, d'usage courant, il n'est de toute façon pas inutile de chercher à les connaître pour eux - mêmes, et nous consacrerons à cet objet un certain nombre de pages parmi celles qui suivent.

Mais, outre ce souci à la fois d'une description détaillée et de donner des théorèmes généraux qui pourront se révéler utiles lorsque les espaces de base A_o et A_1 seront quelconques, nous avons d'autres buts.

Les espaces d'Interpolation réels se sont en effet récemment révélés comme un outil très commode pour l'étude de certaines questions liées aux propriétés géométriques des espaces de Banach. Un exemple évident est le suivant: si l'on dispose de deux espaces de Banach, possédant chacun une certaine propriété, on peut parfois fabriquer par Interpolation un espace intermédiaire qui aura les deux propriétés à la fois: l'Interpolation fournit là un outil bien adapté à ces questions, et en quelque sorte "fonctoriel".

Un autre exemple, très remarquable, où l'Interpolation joue un rôle fondamental est celui des "théorèmes de factorisation": si l'on dispose d'un opérateur T linéaire continu entre deux espaces de Banach E et F, et si l'on sait que T possède une certaine propriété , on peut parfois exhiber un espace de Banach Y, dont l'identité possède cette même propriété, par lequel T se fac-

-torise : ceci signifie qu'il existe deux opérateurs, U , de E dans Y, V, de Y dans F, tels que $T = V \circ U$. On dira alors que la propriété envisagée pour T est une propriété de factorisation. Il est très remarquable que dans l'étude des principales propriétés de factorisation, l'espace Y construit pour cette factorisation soit précisément un espace d'Interpolation de Lions - Peetre : ce fait très inattendu suffirait à lui seul à justifier une étude approfondie de ces espaces.

Le premier théorème de factorisation a été établi par W.J. Davis, T. Figiel, W.B. Johnson, A. Pełczyński dans [12] : tout opérateur faiblement compact se factorise par un espace réflexif. L'auteur s'est ensuite aperçu dans [3] qu'en appliquant leur méthode on pourrait donner une condition nécessaire et suffisante, dans un cas particulier (cas "$A_0 \hookrightarrow A_1$"), à la réflexivité des espaces d'Interpolation. C'est la conjonction des méthodes de [12] et de cette remarque qui a permis l'étude des propriétés topologiques des espaces d'Interpolation, menée à bien au chapitre II.

Notre but, dans les pages qui suivent, va donc être de décrire les espaces d'Interpolation et d'étudier leur comportement à l'égard de certaines propriétés d'usage fréquent. Nous n'avons pas en vue la présentation d'applications à d'autres domaines : il s'agit simplement de donner, sous une forme que nous espérons commode et unifiée, le cadre de définition (dû à Lions - Peetre), les propriétés générales (avec les conséquences des idées introduites par Davis - Figiel - Johnson - Pełczyński [12]) et les résultats établis par l'auteur dans [3],[4], [5], [6], [7], [8].

Plus précisement, notre plan a été le suivant : au chapitre I, nous donnons le cadre général et la définition des espaces d'Interpolation. Ce cadre a été notablement simplifié par rapport à celui donné par Lions - Peetre : $\mathcal{A}$ est un espace vectoriel, A_0 et A_1 sont deux sous - espaces vectoriels de $\mathcal{A}$; on les a munis de normes qui en font des espaces de Banach. La définition des espaces d'Interpolation est aussi un peu simplifiée par rapport à celle de [19]: nous n'utilisons que le paramètre p au lieu de p_0 et p_1 (cela suffit à définir la norme, à une équivalence près, comme il a été démontré par J. Peetre dans [21], mais nous n'abordons pas cette question ici). On établit ensuite deux versions du théorème d'Interpolation, et on donne trois définitions discrètes des espaces d'Interpolation, les deux premières provenant de [19], la troisième, qui joue un rôle capital pour l'étude des propriétés topologiques, étant inspirée par [12](voir aussi M. Cwikel [11]).

Au chapitre II, nous examinons ces propriétés topologiques : en quoi les espaces intermédiaires dépendent de l'intersection $A_o \cap A_1$ et de la somme $A_o + A_1$, et comment est caractérisée la topologie faible de ces espaces. Dans le cas particulier $A_o \hookrightarrow A_1$, nous en déduisons des théorèmes de factorisation concernant la réflexivité et la présence de sous-espaces isomorphes à ℓ^1.

Mais ces méthodes topologiques ne permettent pas l'étude de ces mêmes propriétés dans le cadre général. Il faut avoir recours à des méthodes d'un autre type, introduites par l'auteur dans [7], et appelées méthodes géométriques, car elles reposent sur la considération de suites infinies de points possédant certaines propriétés. Ces méthodes qui sont beaucoup plus puissantes, sont développées, avec leurs conséquences, au chapitre III, où, par le même moyen, on examine aussi la factorisation de la propriété de Banach-Saks.

Le chapitre IV est consacré à deux propriétés intéressantes, établies par Lions-Peetre, du procédé d'Interpolation : la dualité et la réitération. Pour la première, nous précisons, dans certains cas, le résultat de Lions-Peetre en obtenant une dualité exacte (alors qu'elle était seulement à équivalence de normes près dans [19]); pour la seconde, nous nous bornons à reproduire le résultat de [19] qui nous a semblé trop important pour n'être pas mentionné.

Au chapitre V, nous étudierons quelques-unes des propriétés d'usage courant en Géométrie de Espaces de Banach : super-réflexivité, uniforme convexité, uniforme lissité, type p-Rademacher, etc.... Les liens avec les propriétés de certaines classes d'opérateur sont également envisagés.

Le chapitre VI marque en un certain sens un retour à l'étude de la structure générale. Tout point d'un espace d'Interpolation possède en effet un certain nombre de représentations, et on peut se demander si, parmi elles, il y en a de meilleures, et comment les caractériser. Nous répondons à ces questions, et la réponse permet d'aborder l'étude de certaines propriétés métriques non uniformes, comme la stricte convexité. Les résultats des chapitres précédents n'utilisent en rien cette étude; il ne nous a donc pas paru utile de la faire figurer dans les premiers chapitres, comme l'eût peut-être voulu une présentation plus académique.

Dans un dernier chapitre, après avoir tant vanté les mérites du procédé d'Interpolation réel, nous terminons en mentionnant quelques "défauts" de ce procédé. Par exemple, l'interpolé entre des sous-espaces ou entre des ultrapuissances de A_o et A_1 n'est pas, en général, un sous-espace ou une ultrapuissances de l'espace d'Interpolation entre A_o et A_1. Mais ce sont là, en un certain sens, des défauts nécessaires compte tenu des résultats établis, et, par ailleurs, nous donnons quelques résultats positifs concernant chacun d'eux.

Les questions abordées sont bien loin d'avoir toutes reçu une réponse satisfaisante : parfois, la réponse est seulement partielle (par exemple pour l'uniforme convexité), parfois il n'y a pas de réponse du tout. Les problèmes qui restent ouverts sont soit de nature technique, soit, bien plus souvent, de nature fondamentale, et nous sommes très conscients de ces grandes lacunes. Néanmoins, il nous a semblé qu'il n'était pas inutile de faire, d'une certaine façon, le point sur ce qui était déjà connu.

Les conventions et notations sont celles adoptées habituellement; en particulier, nos notations diffèrent peu de celles de Lions - Peetre. Nous prenons l'étude de ces questions à leur début, et la lecture de [19] n'est donc pas supposée connue. Seule une démonstration manque : celle de la formule d'Interpolation entre deux espaces L^p (théorème de Riesz), donnée dans [19], que nous n'utilisons que pour une question mineure au chapitre V; cette omission ne nous paraît pas présenter d'inconvénient grave.

Nous avons bien sûr été amenés à introduire de nombreuses propriétés d'espaces de Banach, sans vouloir consacrer à chacune de trop longs développements dépassant le cadre des liens avec l'Interpolation. Nous avons donc adopté le parti de donner des définitions précises, quelques considérations générales sans justifications, et des références permettant, si on le souhaite, d'acquérir des connaissances détaillées. Le résultat d'un tel choix est, bien sûr, qu'il demande au lecteur d'être un peu familiarisé avec la Géométrie des Espaces de Banach (à un niveau assez élémentaire, ne dépassant guère celui d'un cours de troisième cycle); il ne paraissait guère possible de procéder autrement sans augmenter inutilement le volume de l'ouvrage.

La bibliographie, pour des raisons de commodité, a été divisée en deux parties : la première contient toutes les références qui nous ont été utiles, ou qui développent des questions que nous abordons. La seconde regroupe des références "historiques" sur l'Interpolation : l'origine et les autres aspects de la théorie, et certains résultats antérieurs, que nous n'utilisons pas, mais dont l'existence doit être mentionnée.

En conclusion, nous espérons donc que les lignes qui suivent pourront, malgré leurs défauts et leurs lacunes, contribuer à une meilleure connaissance de certains espaces utilisés en Equations aux Dérivées Partielles et donner un outil efficace pour l'étude de quelques propriétés géométriques des Espaces de Banach.

TABLE DES MATIERES

CHAPITRE I

DEFINITION DES ESPACES D'INTERPOLATION

§ 1 Le cadre général

Soit $\mathcal{A}$ un espace vectoriel et soient A_0 et A_1 deux sous-espaces vectoriels de $\mathcal{A}$. Notons $\mathcal{J}$ l'intersection $A_0 \cap A_1$ de ces sous-espaces, et $\mathcal{S}$ le sous-espace vectoriel de $\mathcal{A}$ engendré par A_0 et A_1 : c'est, bien sûr, l'ensemble

$$\{x \in \mathcal{A} \ , \ \exists\, x_0 \in A_0 \ , \ \exists\, x_1 \in A_1 \ , \ x_0 + x_1 = x\} .$$

On obtient alors des injections canoniques entre ces espaces ; nous les noterons ainsi :

(1)

et ce diagramme est, évidemment, commutatif.
Nous supposons en outre que A_0 et A_1 ont été l'un et l'autre munis d'une norme, notée $\|\cdot\|_0$ pour A_0, $\|\cdot\|_1$ pour A_1, qui en a fait des espaces de Banach.

On peut alors définir une norme sur $\mathcal{J}$, par la formule :

$$\|x\|_{\mathcal{J}} = \max\,(\|x\|_0 \, , \, \|x\|_1) \ ,$$

et une norme sur $\mathcal{S}$ par la formule :

$$\|x\|_{\mathcal{S}} = \inf\,\{\|x_0\|_0 + \|x_1\|_1 \ ; \ x_0 + x_1 = x\}$$

et on vérifie sans peine que $\mathcal{J}$ et $\mathcal{S}$ sont des espaces de Banach.

Ces normes étant définies sur A_0, A_1, $\mathcal{J}$ et $\mathcal{S}$, on constate que les injections du diagramme (1) sont continues et de norme au plus égale à 1.

Remarque : extension des opérateurs à l'espace $\mathcal{S}$

Si l'on dispose d'un opérateur linéaire T, défini et continu de $\mathcal{J}$ dans lui-même, et si l'on sait que T admet des extensions T_0 et T_1 à A_0 et A_1 respectivement (en d'autres termes, s'il existe des opérateurs T_0 et T_1, définis et continus de A_0 dans A_0 et de A_1 dans A_1 respectivement, dont la restriction à $\mathcal{J}$ soit T), on peut définir une extension $\tilde{T}$ de T à $\mathcal{S}$; cette extension sera continue de $\mathcal{S}$ dans $\mathcal{S}$; sa restriction à A_0 et à A_1 coïncidera, respectivement, avec T_0 et T_1.

Il suffit en effet, pour $x \in \mathcal{S}$, de choisir une décomposition quelconque $x = x_0 + x_1$, $x_0 \in A_0$, $x_1 \in A_1$, et de poser : $\tilde{T}x = T_0 x_0 + T_1 x_1$. Cela ne dépend pas de la décomposition choisie : si $x = x'_0 + x'_1$ en est une autre, $x_0 - x'_0 = x'_1 - x_1$ sont deux éléments de $\mathcal{J}$, donc $T_0(x_0 - x'_0) = T(x_0 - x'_0) = T(x'_1 - x_1) = T_1(x'_1 - x_1)$, et $T_0 x_0 + T_1 x_1 = T_0 x'_0 + T_1 x'_1$. Si $x = x_0 + x_1$ est une décomposition quelconque, on a

$$\|\tilde{T}x\| \leq \|T_0\| \cdot \|x_0\| + \|T_1\| \cdot \|x_1\|$$

$$\leq \max(\|T_0\|, \|T_1\|) \cdot (\|x_0\| + \|x_1\|) \text{ , et donc}$$

$$\|\tilde{T}\| \leq \max(\|T_0\| , \|T_1\|)$$

De même, si l'on introduit un autre espace vectoriel $\mathcal{B}$, des sous-espaces B_0, B_1 munis de normes, tout opérateur T de $A_0 \cap A_1$ dans $B_0 \cap B_1$ qui admet une extension T_0 continue de A_0 dans B_0 et une extension T_1 continue de A_1 dans B_1 admet une extension $\tilde{T}$ de $A_0 + A_1$ dans $B_0 + B_1$, dont la restriction à A_0 est T_0 et la restriction à A_1 est T_1. Cette remarque sera utilisée pour le théorème d'interpolation.

Soient maintenant ξ_0 et ξ_1 deux nombres réels quelconques, et p un nombre avec $1 \leq p \leq \infty$.

Considérons l'ensemble des (classes de) fonctions u(t), définies sur $\mathbb{R}$, à valeurs dans $\mathcal{J}$, telles que les fonctions $t \to u(t)$ soient fortement mesurables à valeurs dans A_0 et dans A_1, et telles que, si $1 \leq p < \infty$,

$$(2)\quad \begin{cases} \left(\int_{-\infty}^{+\infty} \|e^{\xi_0 t}\, u(t)\|_0^p \, dt\right)^{1/p} < \infty \\ \left(\int_{-\infty}^{+\infty} \|e^{\xi_1 t}\, u(t)\|_1^p \, dt\right)^{1/p} < \infty \end{cases}$$

(resp. si $p = +\infty$, $\sup\limits_{t \in \mathbb{R}} \text{ess} \|e^{\xi_0 t}\, u(t)\|_0 < \infty$ et $\sup\limits_{t \in \mathbb{R}} \text{ess} \|e^{\xi_1 t} u(t)\|_1 < \infty$)

On notera les conditions (2) sous la forme :

$$e^{\xi_0 t}\, u(t) \in L^p(A_0), \quad e^{\xi_1 t}\, u(t) \in L^p(A_1).$$

Si l'on suppose en outre $\xi_0 \cdot \xi_1 < 0$, l'intégrale $\int_{-\infty}^{+\infty} u(t)\, dt$ est normalement convergente dans $\mathcal{J}$ lorsque $u(t)$ vérifie (2).
En effet, si par exemple $\xi_o < 0$, $\xi_1 > 0$,

$$\int_{-\infty}^{+\infty} \|u(t)\|_{\mathcal{S}}\, dt \leq \int_0^{+\infty} \|u(t)\|_1\, dt + \int_{-\infty}^{0} \|u(t)\|_0\, dt$$

$$\leq \left(\int_0^{+\infty} e^{-\xi_1 t p'}\, dt\right)^{1/p'} \cdot \left(\int_0^{+\infty} \|e^{\xi_1 t}\, u(t)\|_1^p\, dt\right)^{1/p} +$$

$$+ \left(\int_{-\infty}^{0} e^{-\xi_0 t p'}\, dt\right)^{1/p'} \cdot \left(\int_{-\infty}^{0} \|e^{\xi_0 t}\, u(t)\|_0^p\, dt\right)^{1/p}$$

(avec p' tel que $\frac{1}{p} + \frac{1}{p'} = 1$)

$$\leq \left(\frac{1}{\xi_1 p'}\right)^{1/p'} \|e^{\xi_1 t}\, u(t)\|_{L^p(A_1)} + \left(\frac{1}{\xi_0 p'}\right)^{1/p'} \|e^{\xi_0 t}\, u(t)\|_{L^p(A_0)} .$$

Nous ferons toujours dans la suite l'hypothèse $\xi_0 \cdot \xi_1 < 0$; plus précisément, nous supposerons toujours $\xi_o < 0$, $\xi_1 > 0$.

Nous noterons $S(p;\, \xi_0, A_0;\, \xi_1, A_1)$ le sous-espace vectoriel de décrit par les intégrales de fonctions du type (2). C'est donc l'ensemble

$$\left\{ u \in \mathcal{S},\ \exists\ u(t) \text{ du type (2), avec } \int_{-\infty}^{+\infty} u(t)\, dt = u \right\}$$

On peut munir cet espace d'une norme, par la formule :

$$\|u\|_S = \inf\{\max(\|e^{\xi_0 t} u(t)\|_{L^p(A_0)}, \|e^{\xi_1 t} u(t)\|_{L^p(A_1)}); \int_{-\infty}^{+\infty} u(t)\,dt = u\}$$

et on vérifie qu'il s'agit d'un espace de Banach.

Soit $u \in S(p;\ \xi_0, A_0;\ \xi_1, A_1)$; nous dirons qu'une fonction $u(t)$ du type (2) telle que $\int_{-\infty}^{+\infty} u(t)\,dt = u$ constitue une représentation de u.

Les espaces S sont des espaces intermédiaires entre $\mathfrak{J}$ et $\mathcal{S}$, en ce sens qu'il existe une injection continue u de $\mathfrak{J}$ dans S et une injection continue j de S dans $\mathcal{S}$, avec $i = j \circ u$ (on dit aussi que l'injection i de $\mathfrak{J}$ dans $\mathcal{S}$ se factorise par S). En effet, si $u \in \mathfrak{J}$, on peut par exemple, choisir pour représentation $u(t)$ avec

$$\begin{cases} u(t) = u & \forall\ t \in [0, 1], \\ u(t) = 0 & \text{sinon,} \end{cases}$$

et on trouve $\|u\|_S \leq \max\left(\left(\dfrac{e^{\xi_0 p} - 1}{\xi_0 p}\right)^{1/p}, \left(\dfrac{e^{\xi_1 p} - 1}{\xi_1 p}\right)^{1/p}\right) \|u\|_{\mathfrak{J}}$.

De même, si $u \in S$, on a, pour toute représentation de u en $\int_{-\infty}^{+\infty} u(t)\,dt$:

$$\|u\|_{\mathcal{S}} \leq \int_{-\infty}^{+\infty} \|u(t)\|_{\mathcal{S}}\, dt$$

et on a vu que cette intégrale était majorée par :

$$\left(\frac{1}{\xi_1 p'}\right)^{1/p'} \|e^{\xi_1 t} u(t)\|_{L^p(A_1)} + \left(\frac{1}{\xi_0 p'}\right)^{1/p'} \|e^{\xi_0 t} u(t)\|_{L^p(A_0)}$$

et donc

$$\|u\|_{\mathcal{S}} \leq \left(\left(\frac{1}{\xi_0 p'}\right)^{1/p'} + \left(\frac{1}{\xi_1 p'}\right)^{1/p'}\right) \|u\|_S .$$

§ 2) Le théorème d'interpolation (Lions Peetre [19])

La première propriété importante des espaces que nous venons d'introduire est leur comportement à l'égard des opérateurs continus: c'est le "théorème d'interpolation". Il est la conséquence de la formule ci-dessous, qui relie la norme de $\mathcal{S}$ à un produit de normes de $L^p(A_0)$, $L^p(A_1)$ élevées à certaines puissances.

Proposition 1 (formule d'interpolation)

On a, en posant $\theta = \frac{\xi_0}{\xi_0 - \xi_1}$, si $1 \leq p \leq \infty$

$$\|u\|_{S(p;\ \xi_0,\ A_0;\ \xi_1,\ A_1)} = \inf \left\{ \|e^{\xi_0 t} u(t)\|^{1-\theta}_{L^p(A_o)} \cdot \|e^{\xi_1 t} u(t)\|^{\theta}_{L^p(A_1)} ;\ \int_{-\infty}^{+\infty} u(t)\,dt = u \right\}$$

Démonstration Il est clair que le premier membre est supérieur ou égal au second. Par ailleurs, si u(t) est une représentation quelconque de u, et si $\tau \in \mathbb{R}$, on a aussi

$$\int_{-\infty}^{+\infty} u(t+\tau)\,dt = u,$$

et donc

$$\|u\|_S \leq \max\left(\|e^{\xi_0 t} u(t+\tau)\|_{L^p(A_0)},\ \|e^{\xi_1 t} u(t+\tau)\|_{L^p(A_1)}\right)$$

$$\leq \max\left(e^{-\xi_0 \tau} \|e^{\xi_0 t} u(t)\|_{L^p(A_0)},\ e^{-\xi_1 \tau} \|e^{\xi_1 t} u(t)\|_{L^p(A_1)}\right).$$

En choisissant τ pour que

$$e^{-\xi_0 \tau} \|e^{\xi_0 t} u(t)\|_{L^p(A_0)} = e^{-\xi_1 \tau} \|e^{\xi_1 t} u(t)\|_{L^p(A_1)} ,$$

on trouve le résultat annoncé.

Corollaire : Si $u \in \mathcal{J}$, on peut le représenter par $u(t) = \varphi(t).u$, où φ est une fonction réelle, continue à support compact, d'intégrale 1. Il résulte alors de la proposition 1 qu'il existe une constante C telle que $\forall u \in \mathcal{J}$, on ait :

$$\|u\|_{S(p;\ \xi_0\ ,\ A_0;\ \xi_1\ ,\ A_1)} \leq C\ \|u\|_{A_0}^{1-\theta} \cdot \|u\|_{A_1}^{\theta} \ .$$

La proposition 1 jouera un rôle très important dans l'étude des espaces d'Interpolation. La première conséquence est le "théorème d'interpolation" :

Soit $\mathcal{B}$ un autre espace vectoriel, B_0, B_1 deux sous-espaces de $\mathcal{B}$, $S(p;\ \xi_0\ ,\ B_0;\ \xi_1\ ,\ B_1)$ l'espace d'interpolation construit à partir de $\mathcal{B}$, B_0, B_1, comme précédemment. Soit T un opérateur linéaire continu de $A_0 + A_1$ dans $B_0 + B_1$, dont la restriction à A_0 est continue de A_0 dans B_0 (avec une norme notée $\|T\|_0$), et dont la restriction à A_1 est continue de A_1 dans B_1 (avec une norme $\|T\|_1$). Alors :

<u>Proposition 2</u> (Théorème d'Interpolation - 1 -)

L'opérateur T opère continûment de $S(p;\ \xi_0, A_0;\ \xi_1, A_1)$ dans $S(p;\ \xi_0, B_0;\ \xi_1, B_1)$, et sa norme est au plus égale à

$$\|T\|_0^{1-\theta} \circ \|T\|_1^{\theta} \qquad \left(\text{avec } \theta = \frac{\xi_0}{\xi_0 - \xi_1}\ ,\ 1 \leq p \leq \infty\right)$$

<u>Démonstration</u> : Soit $u \in S(p\ ;\ \xi_0\ ,\ A_0;\ \xi_1\ ,\ A_1)$. Pour toute représentation de u en $\int_{-\infty}^{+\infty} u(t)\, dt$, $\int_{-\infty}^{+\infty} (Tu)(t)\, dt$ est une représentation de Tu. On a donc, d'après la proposition 1 :

$$\|Tu\|_{S(p;\ \xi_0\ ,\ B_0;\ \xi_1\ ,\ B_1)} \leq \|e^{\xi_0 t}\ Tu(t)\|_{L^p(B_0)}^{1-\theta} \cdot \|e^{\xi_1 t}\ Tu(t)\|_{L^p(B_1)}^{\theta}$$

$$\leq \|T\|_0^{1-\theta} \circ \|T\|_1^{\theta} \cdot \|e^{\xi_0 t}\ u(t)\|_{L^p(A_0)}^{1-\theta} \cdot \|e^{\xi_1 t}\ u(t)\|_{L^p(A_1)}^{\theta}$$

d'où le résultat annoncé.

Compte tenu de la remarque faite au § 1 (extension à l'espace $\mathcal{S}$), on peut donner d'autres formulations du théorème d'interpolation, qui peuvent se révéler plus utiles dans certains cas :

<u>Proposition 2 bis</u> (Théorème d'interpolation - 2 -)

Soit T un opérateur continu de $A_0 \cap A_1$ dans $B_0 \cap B_1$. On suppose que T admet une extension T_0 continue de A_0 dans B_0 et une extension T_1 continue de A_1

dans B_1. Alors l'extension $\tilde{T}$ construite à la remarque du § 1 (qui est continue de $\mathcal{S}$ dans $\mathcal{S}$) est continue de $S(p;\ \xi_0, A_0;\ \xi_1, A_1)$ dans $S(p;\ \xi_0, B_0;\ \xi_1, B_1)$, et a une norme majorée par $\|T_0\|^{1-\theta} \cdot \|T_1\|^{\theta}$.

C'est évidemment un simple corollaire de la proposition précédente, appliquée à l'opérateur $\tilde{T}$.

Nous verrons au chapitre II, § 1 une troisième version du théorème d'interpolation, où les hypothèses seront plus faibles.

Ce théorème joue un rôle important dans les applications de l'Interpolation, notamment en Equations aux Dérivées Partielles, et nous aurons ici même l'occasion de l'utiliser à maintes reprises.

Nous allons maintenant étudier en quoi les espaces $S(p;\xi_0, A_0;\xi_1, A_1)$ dépendent des différents paramètres p, ξ_0, ξ_1.

§ 3 Influence des différents paramètres (Lions - Peetre [19])

Proposition 1 (homogénéité)

Soit $\lambda \neq 0$. Pour tout p, tous $\xi_0 < 0$, $\xi_1 > 0$, les espaces $S(p;\ \xi_0, A_0;\ \xi_1, A_1)$ et $S(p;\ \lambda\xi_0, A_0;\ \lambda\xi_1, A_1)$ sont (algébriquement) égaux, et les normes d'un élément u dans chacun de ces deux espaces sont proportionnelles.
Plus précisément :

$$\|u\|_{S(p;\ \lambda\xi_0,\ A_0;\ \lambda\xi_1,\ A_1)} = \lambda^{1-\frac{1}{p}} \|u\|_{S(p;\ \xi_0,\ A_0;\ \xi_1,\ A_1)}$$

Démonstration :

Soit $u \in S(p;\ \xi_0, A_0;\ \xi_1, A_1)$; pour toute représentation u(t) de u, posons $u_\lambda(t) = \lambda\, u(\lambda t)$. C'est encore une représentation de u. On a :

$$\begin{aligned}\|u\|_{S(p;\ \lambda\xi_0,\ A_0;\ \lambda\xi_1,\ A_1)} &\leq \|e^{\lambda\xi_0 t} u_\lambda(t)\|^{1-\theta}_{L^p(A_o)} \cdot \|e^{\lambda\xi_1 t} u_\lambda(t)\|^{\theta}_{L^p(A_1)} \\ &\leq \lambda^{\frac{p-1}{p}} \|e^{\xi_0 t} u(t)\|^{1-\theta}_{L^p(A_o)} \cdot \|e^{\xi_1 t} u(t)\|^{\theta}_{L^p(A_1)}\end{aligned}$$

On en déduit le résultat annoncé.

ξ_o et ξ_1 étant donnés, si $\theta = \frac{\xi_o}{\xi_o - \xi_1}$, on peut toujours choisir λ de telle façon que $\begin{cases} \lambda\xi_o = -\theta \\ \lambda\xi_1 = 1-\theta \end{cases}$

(on prend $\lambda = \frac{-1}{\xi_o - \xi_1}$), et, d'après la proposition 1, l'espace $S(p;\ -\theta,\ A_o;\ 1-\theta,\ A_1)$ a une norme équivalente (et même proportionnelle) à $S(p;\ \xi_o,\ A_o;\ \xi_1,\ A_1)$. Il en résulte que la norme de ce dernier espace ne dépend (à une constante de proportionnalité près) que de p et θ. On note habituellement, pour cette raison, $(A_o, A_1)_{\theta,p}$ les espaces $S(p;\ \xi_o,\ A_o;\ \xi_1,\ A_1)$, lorsque $\frac{\xi_o}{\xi_o - \xi_1} = \theta$, sans préciser davantage le choix qui est fait de ξ_o et ξ_1. C'est cette notation que nous utiliserons désormais.

Dans la suite, la notation $E \hookrightarrow F$, où E et F sont deux espaces de Banach, signifiera que E est algébriquement contenu dans F et que l'injection canonique de E dans F est continue (pas nécessairement de norme 1).

<u>Proposition 2</u>

Pour tout θ avec $0 < \theta < 1$, si $p \leq q$, on a :

$$(A_o, A_1)_{\theta, p} \hookrightarrow (A_o, A_1)_{\theta, q}$$

<u>Démonstration</u> : Soit $u \in S(p;\ \xi_o,\ A_o;\ \xi_1,\ A_1)$, avec $\frac{\xi_o}{\xi_o - \xi_1} = \theta$.

Soit u(t) une représentation de u. Si φ est une fonction continue réelle à support compact avec $\int_{-\infty}^{+\infty} \varphi(t)\,dt = 1$, et si l'on pose $v(t) = \int_{-\infty}^{+\infty} u(t-\tau)\,\varphi(\tau)\,d\tau$ (convolution de u et φ), alors v(t) est encore une représentation de u. Si r est défini par $\frac{1}{r} = 1 - (\frac{1}{p} - \frac{1}{q})$, on a :

$$\|e^{\xi_o t} v(t)\|_{L^q(A_o)} \leq \|e^{\xi_o t} \varphi(t)\|_{L^r} \cdot \|e^{\xi_o t} u(t)\|_{L^p(A_o)}$$

$$\|e^{\xi_1 t} v(t)\|_{L^q(A_1)} \leq \|e^{\xi_1 t} \varphi(t)\|_{L^r} \cdot \|e^{\xi_1 t} u(t)\|_{L^p(A_1)}$$

On en déduit le résultat annoncé, et la norme de l'injection est au plus égale à $\inf\left\{\|e^{\xi_o t}\varphi(t)\|^{1-\theta}_{L^r} \cdot \|e^{\xi_1 t}\varphi(t)\|^{\theta}_{L^r},\ \varphi \text{ continue à support compact et } \int_{-\infty}^{+\infty}\varphi(t)\,dt = 1\right\}$.

Cette proposition peut également être considérée comme une conséquence (immédiate) des définitions discrètes des espaces d'Interpolation, que nous étudierons au paragraphe suivant.

Si les normes de A_o et de A_1 ne sont pas comparables, les normes de $(A_o, A_1)_{\theta_1, p}$ et $(A_o, A_1)_{\theta_2, p}$, pour $\theta_1 \neq \theta_2$, ne le sont pas non plus. Les espaces $(A_o, A_1)_{\theta, p}$ forment une gamme continue d'espaces, qui s'étend de A_o à A_1, en ce sens que, si $u \in \mathcal{J}$, on a $\forall p$ avec $1 \leq p \leq \infty$,

$$\lim_{\xi_o \to 0} \|u\|_{S(p;\ \xi_o,\ A_o;\ 1,\ A_1)} = \|u\|_o$$

et

$$\lim_{\xi_1 \to 0} \|u\|_{S(p;\ -1, A_o;\ \xi_1, A_1)} = \|u\|_1 ,$$

comme on vérifie aisément.

Nous allons maintenant aborder les définitions discrètes des espaces $(A_o, A_1)_{\theta, p}$, qui nous seront très utiles pour l'étude des propriétés topologiques de ces espaces.

§ 4 Définitions discrètes des espaces d'Interpolation

Pour $m \in \mathbb{Z}$, on peut considérer les suites $(u(m))_{m \in \mathbb{Z}}$ à valeurs dans $\mathcal{J}$, telles que

$$(3) \qquad \begin{cases} \left(\sum_{m \in \mathbb{Z}} \|e^{\xi_o m} u(m)\|^p_{A_o}\right)^{1/p} < \infty \\[2ex] \left(\sum_{m \in \mathbb{Z}} \|e^{\xi_1 m} u(m)\|^p_{A_1}\right)^{1/p} < \infty \end{cases}$$

et noter (toujours avec $\xi_o < 0$, $\xi_1 > 0$) $s_1(p;\ \xi_o, A_o;\ \xi_1, A_1)$ l'espace

$\Big\{ u \in \mathcal{S},\ \exists (u(m))_{m \in \mathbb{Z}}$ vérifiant (3) telle que $\sum_{m \in \mathbb{Z}} u(m) = u$ (série convergente dans $\mathcal{S}$) $\Big\}$

et on munit cet espace de la norme :

$$\|u\|_{s_1} = \inf \left\{ \max(\|(e^{\xi_o m} u(m))\|_{\ell^p(A_o)}, \|(e^{\xi_1 m} u(m))\|_{\ell^p(A_1)}); \sum_{m \in \mathbb{Z}} u(m) = u \right\}$$

Proposition 1

Les espaces $S(p;\ \xi_o,\ A_o\ ;\ \xi_1,\ A_1)$ et $s_1(p;\ \xi_o,\ A_o;\ \xi_1,\ A_1)$ coïncident algébriquement et leurs normes sont équivalentes.

Démonstration : 1) Soit $u \in S$ et soit $u(t)$ une représentation de u . Si l'on pose $u'(m) = \int_m^{m+1} u(t)dt$, $\forall m \in \mathbb{Z}$, on a bien $\sum_{m \in \mathbb{Z}} u'(m) = u$; $u'(m)$ est un élément de $\mathcal{J}$ pour chaque $m \in \mathbb{Z}$, et

$$\|(e^{m\xi_o} u\ (m))\|_{\ell^p(A_o)} \leq e^{-\xi_o} \|e^{\xi_o t} u(t)\|_{L^p(A_o)}$$

$$\|(e^{m\xi_1} u'(m))\|_{\ell^p(A_1)} \leq \|e^{\xi_1 t} u(t)\|_{L^p(A_1)}$$

d'où l'on déduit

$$\|u\|_{s_1} \leq e^{-\xi_o} \|u\|_S$$

2) Inversement, soit $u \in s_1$ et $u'(m)$ une représentation de u. On définit $u(t)$ par :

$$u(t) = u(m) \qquad \text{si} \quad m \leq t < m+1 \ , \ \forall m \in \mathbb{Z}$$

$u(t)$ est à valeurs dans $\mathcal{J}$, et on a alors :

$$u = \int_{-\infty}^{+\infty} u(t)\, dt,$$

et

$$\|e^{\xi_o t} u(t)\|_{L^p(A_o)} \leq \|(e^{\xi_o m} u'(m))\|_{\ell^p(A_o)}$$

$$\|e^{\xi_1 t} u(t)\|_{L^p(A_1)} \leq e^{\xi_1} \|(e^{\xi_1 m} u'(m))\|_{\ell^p(A_1)}$$

d'où

$$\|u\|_S \leq e^{\frac{\xi_0 \xi_1}{\xi_0 - \xi_1}} \|u\|_{s_1}$$

ce qui prouve notre proposition.

Considérons maintenant l'ensemble des couples de suites $((u_o(m)_{m\in\mathbb{Z}}, (u_1(m))_{m\in\mathbb{Z}})$ telles que $u_o(m) \in A_o \ \forall m$, $u_1(m) \in A_1 \ \forall m$, et

(4)
$$\begin{cases} (\sum_{m\in\mathbb{Z}} \|e^{\xi_0 m} u_o(m)\|^p_{A_o})^{1/p} < \infty \\ (\sum_{m\in\mathbb{Z}} \|e^{\xi_1 m} u_1(m)\|^p_{A_1})^{1/p} < \infty \end{cases}$$

et la somme $u_o(m) + u_1(m)$ est constante pour $m \in \mathbb{Z}$ (les deux premières conditions doivent être modifiées comme de coutume si $p = +\infty$).

Notons $s_2(p;\ \xi_o,\ A_o;\ \xi_1,\ A_1)$ l'espace décrit, dans $\mathcal{S}$, par les sommes $u_o(m) + u_1(m)$, c'est à dire :

$$s_2(p;\ \xi_o,\ A_o;\ \xi_1,\ A_1) = \Big\{ u \in \mathcal{S},\ \exists (u_o(m))_{m\in\mathbb{Z}},\ (u_1(m))_{m\in\mathbb{Z}},$$
$$\text{vérifiant (4) avec} \quad u_o(m) + u_1(m) = u \quad \forall m \in \mathbb{Z} \Big\}$$

On munit cet espace de la norme

$$\|u\|_{s_2} = \inf \Big\{ \max(\|(e^{\xi_0 m} u_o(m)\|_{\ell^p(A_o)},\ \|(e^{\xi_1 m} u_1(m))\|_{\ell^p(A_1)})$$
$$((u_o(m)),\ (u_1(m))) \text{ vérifient (4) et } u_o(m) + u_1(m) = u \ \forall m \Big\}$$

<u>Proposition 2</u>

Les espaces s_1 et s_2 coïncident algébriquement, et leurs normes sont équivalentes.

<u>Démonstration</u> 1) Soit $u \in s_1$ et $u(m)$ une représentation de u. Posons, pour chaque m,

$$u_o(m) = \sum_{k \geq 0} u(m-k)$$

$$u_1(m) = \sum_{k < 0} u(m-k)$$

On a bien $u_o(m) + u_1(m) = u \quad \forall m$, et

$$\|(e^{\xi_o m} u_o(m))\|_{\ell^p(A_o)} = \|(\sum_{k \geq 0} e^{\xi_o k} e^{\xi_o (m-k)} u(m-k))\|_{\ell^p(A_o)}$$

$$\leq \sum_{k \geq 0} e^{\xi_o k} \|(e^{\xi_o (m-k)} u(m-k))\|_{\ell^p(A_o)}$$

$$\leq \frac{1}{1-e^{\xi_o}} \|(e^{\xi_o m} u(m))\|_{\ell^p(A_o)}$$

et de même

$$\|(e^{\xi_1 m} u_1(m))\|_{\ell^p(A_1)} = \|(\sum_{k < 0} e^{\xi_1 k} e^{\xi_1 (m-k)} u(m-k))\|_{\ell^p(A_1)}$$

$$\leq \sum_{k \leq 0} e^{\xi_1 k} \|(e^{\xi_1 (m-k)} u(m-k))\|_{\ell^p(A_1)}$$

$$\leq \frac{1}{1-e^{-\xi_1}} \|(e^{\xi_1 m} u(m))\|_{\ell^p(A_1)}$$

et donc

$$\|u\|_{s_2} \leq \max\left(\frac{1}{1-e^{\xi_o}}, \frac{1}{1-e^{-\xi_1}}\right) \|u\|_{s_1}$$

2) Soit $u \in s_2$ et $(u_o(m)$, $(u_1(m))$ une représentation de u.

Posons, pour tout **k** :

$$u(k) = u_o(k) - u_o(k-1) = u_1(k-1) - u_1(k)$$

La série $\sum_{k \leq 0} u(k)$ converge dans $\mathcal{S}$, car, puisque

$(e^{\xi_0 k} u_0(k)) \in \ell^p(A_0)$, on a $\|u_0(k)\|_{\mathcal{S}} \leq \|u_0(k)\|_{A_0} \leq e^{\xi_0 k} \|u_0(k)\|_{A_0} \underset{k\to-\infty}{\to} 0$

et sa somme vaut $u_0(0)$. De même, la série $\sum_{k>0} u(k)$ converge dans $\mathcal{S}$, et sa somme vaut $u_1(0)$. Donc $\sum_{k\in\mathbb{Z}} u(k) = u_0(0) + u_1(0) = u$. Par ailleurs, on a :

$$\begin{aligned}\|(e^{\xi_0 m} u(m))\|_{\ell^p(A_0)} &= \|(e^{\xi_0 m}(u_0(m) - u_0(m-1)))\|_{\ell^p(A_0)} \\ &\leq \|e^{\xi_0 m} u_0(m)\|_{\ell^p(A_0)} + e^{\xi_0} \|e^{\xi_0 (m-1)} u_0(m-1)\|_{\ell^p(A_0)} \\ &\leq (1 + e^{\xi_0}) \|(e^{\xi_0 m} u_0(m))\|_{\ell^p(A_o)}\end{aligned}$$

et de même

$$\begin{aligned}\|(e^{\xi_1 m} u(m))\|_{\ell^p(A_1)} &\leq \|(e^{\xi_1 m} u_1(m))\|_{\ell^p(A_1)} + e^{\xi_1} \|(e^{\xi_1 m} u_1(m))\|_{\ell^p(A_1)} \\ &\leq (1 + e^{\xi_1}) \|(e^{\xi_1 m} u_1(m))\|_{\ell^p(A_1)}\end{aligned}$$

et donc

$$\|u\|_{s_1} \leq (1 + e^{\xi_1}) \|u\|_{s_2} ,$$

ce qui prouve notre proposition.

On peut se demander pourquoi il est nécessaire d'introduire plusieurs définitions équivalentes des espaces d'interpolation : la définition S ne suffirait-elle pas ?

Le parallèle entre S et s_1 est clair : on y a simplement remplacé L^p par ℓ^p. Cela présentera des avantages, car les espaces $\ell^p(E)$ sont conceptuellement plus simples que les $L^p(E)$, surtout dans les questions liées à la dualité (notamment parce que le dual de $\ell^p(E)$ est $\ell^{p'}(E')$, alors que celui de $L^p(E)$ n'est pas $L^{p'}(E')$ en général), et l'intérêt des définitions discrètes sera alors évident. La norme s_2 a pour principal objet de préparer la norme s , qui sera la clef de l'étude des propriétés topologiques. Mais ne pourrait - on alors omettre la norme de départ (la norme S) et définir les espaces d'interpolation au moyen de s_1 ou s_2? Pour l'étude des propriétés invariantes par isomorphismes, de la topologie de ces espaces, cela ne présenterait aucun inconvénient. Mais pour l'étude des propriétés métriques (c'est à dire qui ne se conservent que par isométrie, et en général pas par isomorphisme), on y perdrait beaucoup. En effet, comme nous le verrons, la formule d'interpolation (§ 2, prop. 1) joue un rôle fondamental pour ces questions, et, avec les définitions discrètes, on ne l'a plus qu'"à une constante près" :

Proposition 3

On a, si $\theta = \frac{\xi_o}{\xi_o - \xi_1}$:

$$\inf\left\{ \|(e^{\xi_o m} u(m))\|^{1-\theta}_{\ell^p(A_o)} \cdot \|(e^{\xi_1 m} u(m))\|^{\theta}_{\ell^p(A_1)} \; ; \; \sum_{m \in \mathbb{Z}} u(m) = u \right\}$$

$$\leq \|u\|_{s_1} \leq e^{\frac{\xi_o \xi_1}{\xi_o - \xi_1}} \inf\left\{ \|(e^{\xi_o m} u(m))\|^{1-\theta}_{\ell^p(A_o)} \cdot \|(e^{\xi_1 m} u(m))\|^{\theta}_{\ell^p(A_1)} \; ; \sum_{m \in \mathbb{Z}} u(m) = u \right\}$$

et

$$\inf\left\{ \|(e^{\xi_o m} u_o(m))\|^{1-\theta}_{\ell^p(A_o)} \cdot \|(e^{\xi_1 m} u_1(m))\|^{\theta}_{\ell^p(A_1)} \; ; \; u_o(m) + u_1(m) = u \; \forall m \right\}$$

$$\leq \|u\|_{s_2} \leq e^{\frac{\xi_o \xi_1}{\xi_o - \xi_1}} \inf\left\{ \|(e^{\xi_o m} u_o(m))\|^{1-\theta}_{\ell^p(A_o)} \cdot \|(e^{\xi_1 m} u_1(m))\|^{\theta}_{\ell^p(A_1)} \; ; \; u_o(m) + u_1(m) = u \; \forall m \right\}$$

Démonstration : Pour chacune des assertions, la première inégalité est évidente. Pour la seconde, on procède comme pour le proposition 2.1 : si $u(m)$ est une représentation de u, $u(m+k)$ $(k \in \mathbb{Z})$ en est une aussi, et donc :

$$\|u\|_{s_1} \leq \max\left(e^{-\xi_o k} \|(e^{\xi_o m} u(m))\|_{\ell^p(A_o)} , e^{-\xi_1 k} \|(e^{\xi_1 m} u(m))\|_{\ell^p(A_1)} \right)$$

et on choisit pour k l'entier compris entre

$$-\theta + \frac{1}{\xi_1 - \xi_0} \operatorname{Log} \left(\frac{\| (e^{\xi_0 m} u(m)) \|_{\ell^p(A_0)}}{\| (e^{\xi_1 m} u(m)) \|_{\ell^p(A_1)}} \right)$$

et

$$1 - \theta + \frac{1}{\xi_1 - \xi_0} \operatorname{Log} \left(\frac{\| (e^{\xi_0 m} u(m)) \|_{\ell^p(A_0)}}{\| (e^{\xi_1 m} u(m)) \|_{\ell^p(A_1)}} \right)$$

La démonstration est analogue pour une représentation de u en $u_0(m) + u_1(m)$; on obtient alors l'énoncé de la proposition.

La proposition 3 permettra d'avoir, dans le cadre simplifié des définitions discrètes, un analogue de la proposition 2.1. Mais la constante

$e^{\frac{\xi_0 \xi_1}{\xi_0 - \xi_1}}$ qui y apparaît sera à l'origine de nombreuses difficultés techniques.

Pour terminer ce paragraphe consacré aux définitions discrètes des espaces d'interpolation, nous allons introduire une nouvelle norme inspirée de [12], d'où seront déduites les propriétés topologiques. Les normes s_1 et s_2 ont été introduites par Lions - Peetre dans [19]; l'équivalence de cette nouvelle norme avec les précédentes a été initialement établie par l'auteur dans [3].

Dans toute la suite, si E est un espace de Banach, la notation $\mathcal{B}_E$ désignera sa boule unité fermée. Pour A_0 et A_1, il sera commode de distinguer, par des notations différentes, leur boule unité et l'image de celle-ci par les injections canoniques j_0 et j_1 (de A_0 dans $\mathcal{S}$ et de A_1 dans $\mathcal{S}$ respectivement) Nous poserons donc :

$$B_0 = j_0(\mathcal{B}_{A_0})$$

$$B_1 = j_1(\mathcal{B}_{A_1})$$

qui sont, en quelque sorte, les boules unités de A_0 et A_1 "lues" dans $\mathcal{S}$. Ce sont des sous-ensembles convexes équilibrés de $\mathcal{S}$.

Pour chaque $m \in \mathbb{Z}$, considérons le sous-ensemble convexe équilibré de $\mathcal{S}$

$$U_m = e^{-\xi_0 m} B_0 + e^{-\xi_1 m} B_1$$

et notons j_m sa jauge $\Big($rappelons que si $x \in \mathcal{S}$, on pose

$$j_m(x) = \inf\{\lambda,\ \lambda U_m \ni x\}\Big).$$

Considérons le sous-espace de $\mathcal{S}$, noté $s(p\ ;\ \xi_0,\ A_0;\ \xi_1,\ A_1)$, constitué par :

$$s = \{x \in \mathcal{S},\ (\sum_{m \in \mathbb{Z}} [j_m(x)]^p)^{1/p} < \infty\}$$

et munissons-le de la norme :

$$\|x\|_s = (\sum_{m \in \mathbb{Z}} [j_m(x)]^p)^{1/p}$$

Proposition 4

Les espaces $S(p;\ \xi_0,\ A_0;\ \xi_1,\ A_1)$ et $s(p;\ \xi_0,\ A_0;\ \xi_1,\ A_1)$ coïncident algébriquement, et leurs normes sont équivalentes.

Démonstration : Nous allons montrer l'équivalence de la norme s_1 et de la norme s_2. Nous écrirons $\sim$ pour noter l'équivalence de deux normes. Tout d'abord, il est clair que :

$$\|a\|_{s_2} \sim \inf_{u(m)+v(m)=a} \left\{\|(e^{\xi_0 m} u(m))\|^p_{\ell^p(A_0)} + \|(e^{\xi_1 m} v(m))\|^p_{\ell^p(A_1)}\right\}^{1/p}$$

$$= \inf_{u(m)+v(m)=a} \left[\sum_{m \in \mathbb{Z}} \left(\|e^{\xi_0 m} u(m)\|^p_{A_0} + \|e^{\xi_1 m} v(m)\|^p_{A_1}\right)\right]^{1/p}$$

L'infimum étant pris, dans cette dernière expression, sur chaque terme de la somme, on obtient :

$$\|a\|_{s_2} \sim \left[\sum_m \inf_{u(m)+v(m)=a} \left(\|e^{\xi_0 m} u(m)\|^p_{A_0} + \|e^{\xi_1 m} v(m)\|^p_{A_1}\right)\right]^{1/p}$$

Il nous reste donc à montrer que pour chaque m,

$$\inf_{u(m)+v(m)=a} (\|e^{\xi_0 m} u(m)\|^p_{A_o} + \|e^{\xi_1 m} v(m)\|^p_{A_1})^{1/p} \sim j_m(a),$$

avec des constantes d'équivalence indépendantes de m.

Soit $\eta > 0$ et supposons $j_m(a) \leq 1$. Alors $a \in (1+\eta) U_m$, et on peut trouver $u(m)$, $v(m)$, avec

$$\begin{cases} u(m) + v(m) = a \\ u(m) \in (1+\eta)\ e^{-\xi_0 m}\ B_o \\ v(m) \in (1+\eta)\ e^{-\xi_1 m}\ B_1 \end{cases}$$

On a donc :

$$\|e^{\xi_0 m} u(m)\|_{A_0} \leq 1+\eta \ , \ \|e^{\xi_1 m} v(m)\|_{A_1} \leq 1+\eta$$

et donc

$$\|e^{\xi_0 m} u(m)\|_{A_0} + \|e^{\xi_1 m} v(m)\|_{A_1} \leq 2+2\eta \ ,$$

ce qui montre la première partie de notre assertion. Inversement, si

$$\inf_{u(m)+v(m)=a} (\|e^{\xi_0 m} u(m)\|_{A_0} + \|e^{\xi_1 m} v(m)\|_{A_1}) \leq 1$$

On peut trouver $u(m)$, $v(m)$ avec :

$$u(m) + v(m) = a \ , \ \|e^{\xi_0 m} u(m)\|_{A_0} \leq 1+\eta$$

$$\|e^{\xi_1 m} v(m)\|_{A_1} \leq 1+\eta \ ,$$

et donc :

$$u(m) \in (1+\eta)\ e^{-\xi_0 m}\ B_0$$

$$v(m) \in (1+\eta)\ e^{-\xi_1 m}\ B_1 \ ,$$

d'où l'on déduit $j_m(a) \leq 1$, ce qui prouve notre proposition.

Remarque

Pour chaque m, la jauge j_m est, sur $\mathcal{S}$, une norme équivalente à la norme de $\mathcal{S}$ avec des constantes dépendant de m. En effet :

$$j_m(a) \sim \inf_{u(m)+v(m)=a} (\|e^{\xi_0 m} u(m)\|_{A_0} + \|e^{\xi_1 m} v(m)\|_{A_1})$$

et cette dernière quantité est au moins égale à $\min(e^{\xi_0 m}, e^{\xi_1 m}) \|a\|_{\mathcal{S}}$, et au plus égale à $\max(e^{\xi_0 m}, e^{\xi_1 m}) \|a\|_{\mathcal{S}}$

Nous avons maintenant passé en revue certaines des normes que l'on peut définir sur $(A_0, A_1)_{\theta,p}$; on pourra en trouver d'autres dans Lions - Peetre [19]. Celles introduites ici nous suffiront pour les applications. Avant d'aborder celles-ci, nous allons voir un cas, particulièrement intéressant, où le cadre formel que nous avons établi se simplifie notablement.

§ 5 Le cas $A_0 \hookrightarrow A_1$

Supposons que, par chance, les sous-espaces vectoriels A_0 et A_1 de l'espace vectoriel $\mathcal{A}$ aient été choisis de façon que A_0 soit un sous-espace vectoriel de A_1, et que, de plus, la norme définie sur A_0 soit plus fine que celle définie sur A_1 : il existe une constante C telle que $\|x\|_{A_1} \leq C \|x\|_{A_0}$, $\forall x \in A_0$. En d'autres termes, l'injection canonique de A_0 dans A_1 est continue et de norme au plus égale à C. Nous noterons ces hypothèses en disant $A_0 \hookrightarrow A_1$.

L'espace intersection $\mathcal{J}$ coïncide alors algébriquement avec A_0, et les normes sont équivalentes :

$$\|x\|_0 \leq \|x\|_{\mathcal{J}} \leq C \|x\|_0$$

et l'espace somme $\mathcal{S}$ coïncide algébriquement avec A_1, et les normes sont équivalentes :

$$\frac{1}{C} \|x\|_1 \leq \|x\| \leq \|x\|_1$$

Les espaces d'interpolation $(A_o, A_1)_{\theta,p}$ sont alors des espaces intermédiaires entre A_o et A_1, d'après le § 1 : l'injection de A_o dans A_1 se factorise par $(A_o, A_1)_{\theta,p}$.

Pour définir les espaces $S(p; \xi_o, A_o; \xi_1, A_1)$, s_1, s_2, s, il n'est pas nécessaire, dans ce cas, d'employer des intégrales ou des sommes de $-\infty$ à $+\infty$: il suffit d'employer des intégrales ou des sommes de 0 à $+\infty$ (dans le cas $\xi_o < 0$, $\xi_1 > 0$). En effet :

<u>Proposition 1</u>

Les quantités :

$$\|u\|_{S^+} = \inf\left\{\max\left(\left(\int_0^{+\infty} \|e^{\xi_o t} u(t)\|^p_{A_o} dt\right)^{1/p}, \left(\int_0^{+\infty} \|e^{\xi_1 t} u(t)\|^p_{A_1} dt\right)^{1/p}\right) ; \int_0^{+\infty} u(t)\, dt = u\right\},$$

$$\|u\|_{s_1^+} = \inf\left\{\max\left(\left(\sum_0^\infty \|e^{\xi_o m} u(m)\|^p_{A_o}\right)^{1/p}, \left(\sum_0^\infty \|e^{\xi_1 m} u(m)\|^p_{A_1}\right)^{1/p}\right); \sum_0^\infty u(m) = u\right\}$$

$$\|u\|_{s_2^+} = \inf\left\{\max\left(\left(\sum_0^\infty \|e^{\xi_o m} u_o(m)\|^p_{A_o}\right)^{1/p}, \left(\sum_0^\infty \|e^{\xi_1 m} u_1(m)\|^p_{A_1}\right)^{1/p}\right), u_o(m)+u_1(m) = = u \;\forall m \in \mathbb{N}\right\}$$

$$\|u\|_{s^+} = \left(\sum_{m=0}^{+\infty} (j_m(u))^p\right)^{1/p}$$

sont toutes quatre équivalentes à la norme de $(A_o, A_1)_{\theta,p}$.

<u>Démonstration</u> : Il est clair que $\|u\|_S \leq \|u\|_{S^+}$. Inversement, supposons $\|u\|_S \leq 1$. Soit $\eta > 0$, et soit $u(t)$ une représentation de u avec

$$\left(\int_{-\infty}^{+\infty} \|e^{\xi_o t} u(t)\|^p_{A_o} dt\right)^{1/p} \leq 1 + \eta, \quad \left(\int_{-\infty}^{+\infty} \|e^{\xi_1 t} u(t)\|^p_{A_1} dt\right)^{1/p} \leq 1 + \eta$$

Posons

$$\begin{aligned} u_1(\tau) &= 0 \quad \text{si} \quad \tau < -1 \\ &= \int_{-\infty}^0 u(t)\, dt \quad \text{si} \; -1 \leq \tau < 0, \\ &= u(\tau) \quad \text{si} \quad \tau \geq 0 \end{aligned}$$

On a $\int_{-1}^{+\infty} u_1(\tau)\,d\tau = u$, et

$$\Big(\int_{-1}^{+\infty} \|e^{\xi_0\tau} u_1(\tau)\|_{A_0}^p\, d\tau\Big)^{1/p} \le \Big(\int_{-1}^{0} e^{\xi_0\tau p} d\tau\Big)^{1/p} \Big\|\int_{-\infty}^{0} u(t)\,dt\Big\|_{A_0} + \Big(\int_0^{\infty} \|e^{\xi_0\tau} u(\tau)\|_{A_0}^p\, d\tau\Big)^{1/p}$$

Mais

$$\Big\|\int_{-\infty}^{0} u(t)\,dt\Big\|_{A_o} \le \int_{-\infty}^{0} \|u(t)\|_{A_0}\, dt$$

$$\le \Big(\int_{-\infty}^{0} e^{-\xi_0 q\tau} d\tau\Big)^{1/q} . \Big(\int_{-\infty}^{0} e^{\xi_0 p\tau} \|u(\tau)\|_{A_0}^p\, d\tau\Big)^{1/p} \qquad \Big(\text{avec } \frac{1}{p}+\frac{1}{q} = 1\Big)$$

et donc

$$\Big(\int_{-1}^{+\infty} \|e^{\xi_0\tau} u_1(\tau)\|_{A_0}^p\, d\tau\Big)^{1/p} \le \max\Big\{\Big(\int_{-1}^{0} e^{\xi_0\tau p} d\tau\Big)^{1/p} . \Big(\int_0^{+\infty} e^{\xi_0 q\tau} d\tau\Big)^{1/q} ,\ 1\Big\} . \Big(\int_{-\infty}^{+\infty} \|e^{\xi_0\tau} u(\tau)\|_{A_0}^p\, d\tau\Big)^{1/p}$$

$\le C_0(1+\eta)$, en notant C_0 la constante qui intervient au second membre.

Par ailleurs :

$$\Big(\int_{-1}^{+\infty} \|e^{\xi_1\tau} u_1(\tau)\|_{A_1}^p\, d\tau\Big)^{1/p} \le \Big(\int_{-1}^{0} e^{\xi_1\tau p} d\tau\Big)^{1/p} . \Big\|\int_{-\infty}^{0} u(t)\,dt\Big\|_{A_1} + \Big(\int_0^{\infty} \|e^{\xi_1\tau} u(\tau)\|_{A_1}^p\, d\tau\Big)^{1/p}$$

et

$$\Big\|\int_{-\infty}^{0} u(t)\,dt\Big\|_{A_1} \le C \Big\|\int_{-\infty}^{0} u(t)\,dt\Big\|_{A_0} \le C \Big(\int_{-\infty}^{0} e^{-\xi_0 q\tau} d\tau\Big)^{1/q} . \Big(\int_{-\infty}^{0} e^{\xi_0 p\tau} \|u(\tau)\|_{A_0}^p\, d\tau\Big)^{1/p}$$

et donc

$$\Big(\int_{-1}^{+\infty} \|e^{\xi_1\tau} u_1(\tau)\|_{A_1}^p\, d\tau\Big)^{1/p} \le C \Big(\int_{-1}^{0} e^{\xi_1\tau p} d\tau\Big)^{1/p} . \Big(\int_{-\infty}^{0} e^{-\xi_0 q\tau} d\tau\Big)^{1/q} (1+\eta) + 1 + \eta$$

$\le C_2(1+\eta)$, en notant C_2 la constante qui intervient au second membre.

Posons maintenant $u_2(t) = u_1(t-1)$. On a $u_2(t) = 0$ si $t < 0$, $\int_0^{+\infty} u_2(t)\,dt = u$,

et

$$\left(\int_0^{+\infty} \|e^{\xi_0 t} u_2(t)\|_{A_o}^p\,dt\right)^{1/p} = \left(\int_{-1}^{+\infty} \|e^{\xi_0(\tau+1)} u_1(\tau)\|_{A_o}^p\,d\tau\right)^{1/p}$$

$$= e^{\xi_0} \left(\int_{-1}^{+\infty} \|e^{\xi_0 \tau} u_1(\tau)\|_{A_o}^p\,d\tau\right)^{1/p}$$

et de même :

$$\left(\int_0^{\infty} \|e^{\xi_1 t} u_2(t)\|_{A_1}^p\,dt\right)^{1/p} = e^{\xi_1} \left(\int_{-1}^{\infty} \|e^{\xi_1 \tau} u_1(\tau)\|_{A_1}^p\,d\tau\right)^{1/p}$$

On en déduit l'équivalence de la norme de S^+ et de la norme de S.

L'équivalence de s_1^+ et s_2^+ avec leurs homologues est laissée au lecteur; démontrons pour terminer l'équivalence de s^+ et s.

Il est clair que $\|u\|_{s^+} \leq \|u\|_s$. Inversement, soit u avec $\|u\|_{s^+} \leq 1$. Soit $\eta > 0$. Pour $m \geq 0$ on peut trouver des décompositions $u = u_0(m) + u_1(m)$, $u_0(m) \in A_0$, $u_1(m) \in A_1$, avec

$$\sum_{m \geq 0} \left(\|e^{\xi_0 m} u_0(m)\|_{A_o}^p + \|e^{\xi_1 m} u_1(m)\|_{A_1}^p\right) \leq 1 + \eta$$

Pour $m < 0$, on décompose u en $u = 0 + u$, ce qui donne

$$j_m(u) \leq e^{\xi_1 m} \|u\|_{A_1} \leq C\, e^{\xi_1 m} \|u\|_{s^+} \quad .$$

Dans le cas $A_0 \hookrightarrow A_1$, les espaces $(A_0, A_1)_{\theta,p}$ sont comparables pour les différentes valeurs de θ :

<u>Proposition 2</u>

Pour $0 < \theta_1 < \theta_2 < 1$, et $1 \leq p_1, p_2 \leq \infty$, l'espace $(A_0, A_1)_{\theta_1, p_1}$ est, algébriquement, un sous-espace de $(A_0, A_1)_{\theta_2, p_2}$ et l'injection du premier dans le second est continue.

<u>Démonstration</u> : Choisissons ξ_0, ξ_1, ξ_0', ξ_1' avec

$$\theta_1 = \frac{\xi_0}{\xi_0 - \xi_1} \quad , \quad \theta_2 = \frac{\xi'_0}{\xi'_0 - \xi'_1}$$

et $\xi'_0 < \xi_0$, $\xi'_1 < \xi_1$ (par exemple $\xi_0 = -\theta_1$, $\xi_1 = 1-\theta_1$, $\xi'_0 = -\theta_2$, $\xi'_1 = 1-\theta_2$).

La norme de $(A_0, A_1)_{\theta_1, p_1}$ est équivalente (prop. 3.1) à celle dc $s_1(p_1; \xi_0, A_0; \xi_1, A_1)$, et de même pour $(A_0, A_1)_{\theta_2, p_2}$.

Soit donc $u \in (A_0, A_1)_{\theta_1, p_1}$; u admet une représentation $u = \sum_{m \geq 0} u(m)$, avec

$$\|e^{\xi_0 m} u(m)\|_{\ell^{p_1}(A_0)} < \infty , \qquad \|e^{\xi_1 m} u(m)\|_{\ell^{p_1}(A_1)} < \infty$$

Pour la même représentation u(m), calculons :

$$\|e^{\xi'_0 m} u(m)\|_{\ell^{p_2}(A_0)} \quad , \quad \|e^{\xi'_1} u(m)\|_{\ell^{p_2}(A_1)}$$

Si $p_1 \leq p_2$, puisque $e^{\xi'_0 m} \leq e^{\xi_0 m}$ et $e^{\xi'_1 m} \leq e^{\xi_1 m}$ $\forall m \geq 0$, on a :

$$\begin{cases} \|e^{\xi'_0 m} u(m)\|_{\ell^{p_2}(A_0)} \leq \|e^{\xi_0 m} u(m)\|_{\ell^{p_1}(A_o)} , \\ \\ \|e^{\xi'_1 m} u(m)\|_{\ell^{p_2}(A_1)} \leq \|e^{\xi_1 m} u(m)\|_{\ell^{p_1}(A_1)} \end{cases}$$

Si $p_2 \leq p_1$, on a

$$\|e^{\xi'_0 m} u(m)\|_{\ell^{p_2}(A_0)} = \left(\sum_{m \geq 0} e^{\xi'_0 m p_2} \|u(m)\|_{A_0}^{p_2} \right)^{1/p_2}$$

$$\leq \left(\sum_{m \geq 0} e^{(\xi'_0 - \xi_0) m r} \right)^{1/r} \left(\sum_{m \geq 0} e^{\xi_0 m p_1} \|u(m)\|_{A_0}^{p_1} \right)^{1/p_1}$$

si r est tel que $\frac{1}{p_2} = \frac{1}{p_1} + \frac{1}{r}$, et de même

$$\|e^{\xi_1' m} u(m)\|_{\ell^{p_2}(A_1)} = \left(\sum_{m \geq 0} e^{\xi_1' m\, p_2} \|u(m)\|_{A_1}^{p_2}\right)^{1/p_2}$$

$$\leq \left(\sum_{m \geq 0} e^{(\xi_1' - \xi_1) m\, r}\right)^{1/r} \left(\sum_{m \geq 0} e^{\xi_1 m\, p_1} \|u(m)\|_{A_1}^{p_1}\right)^{1/p_1} ,$$

ce qui achève la démonstration de la proposition.

Dans le cas $A_0 \hookrightarrow A_1$, les espaces d'interpolation forment donc une gamme continue d'espaces intermédiaires entre A_0 et A_1 , emboîtés les uns dans les autres (pour des valeurs de θ différentes), contenant tous A_0 et tous contenus dans A_1. C'est le cadre qui nous sera utile pour les théorèmes de factorisation.

***

CHAPITRE II

PROPRIETES TOPOLOGIQUES DES ESPACES D'INTERPOLATION

Nous avons jusqu'ici développé un cadre formel et donné plusieurs définitions équivalentes des espaces d'Interpolation. Nous allons maintenant examiner en quoi la structure de ceux-ci dépend des espaces A_o, A_1, $A_o \cap A_1$, $A_o + A_1$.

§ 1. Influence de l'espace intersection $A_o \cap A_1$

Nous avons vu au chapitre précédent, § 1, que les espaces d'interpolation étaient intermédiaires entre $\mathcal{J}$ et $\mathcal{S}$. Nous allons voir que la taille de $\mathcal{J}$ détermine celle de ces espaces. En particulier, nous verrons que si $\mathcal{J}$ est réduit à $\{0\}$, il en est de même des espaces $(A_o, A_1)_{\theta,p}$.

Notons $\underline{A_o}$, $\underline{A_1}$ les adhérences respectives de $u_o(\mathcal{J})$ et $u_1(\mathcal{J})$ dans A_o et A_1 pour la norme. Ce sont des sous-espaces fermés de A_o et A_1 respectivement, et $(A_o, A_1)_{\theta,p}$ est construit sur eux :

Proposition 1 :

Pour tout θ, $0<\theta<1$, et tout p, $1\leq p\leq\infty$, les espaces $(A_o ,A_1)_{\theta,p}$ et $(\underline{A_o}, \underline{A_1})_{\theta,p}$ coïncident algébriquement, et leurs normes s_1 sont égales.

Démonstration : L'inclusion $(\underline{A_o}, \underline{A_1})_{\theta,p} \hookrightarrow (A_o, A_1)_{\theta,p}$ est claire; plus précisément on a $\|u\|_{(A_o,A_1)_{\theta,p}} \leq \|u\|_{(\underline{A_o}, \underline{A_1})_{\theta,p}}$ $\forall u \in (\underline{A_o}, \underline{A_1})_{\theta,p}$, pour les normes s_1. Inversement, soit $u \in (A_0, A_1)_{\theta,p}$ et soit $u = \sum_{m \in \mathbb{Z}} u(m)$ une représentation de u. On a $\|(e^{\xi_0 m} u(m))\|_{\ell^p(A_0)} < \infty$, $\|(e^{\xi_1 m} u(m))\|_{\ell^p(A_1)} < \infty$, et donc $\forall m$ u(m) est dans $\mathcal{J}$, et donc dans A_0 et A_1. Par conséquent, pour chaque m, les quantités $\|e^{\xi_0 m} u(m)\|_{A_0}$ et $\|e^{\xi_0 m} u(m)\|_{\underline{A_0}}$ sont égales (et de même pour A_1); il en résulte que $u \in (\underline{A_0}, \underline{A_1})_{\theta,p}$, ce qui prouve notre proposition.

Dans le cas où $A_0 \hookrightarrow A_1$, notons aussi $\underline{A_1}$ l'adhérence de $i(A_0)$ dans A_1 pour la norme.

Corollaire 1 : Si $A_0 \hookrightarrow A_1$, les espaces $(A_0, A_1)_{\theta,p}$ sont des espaces d'interpolation entre A_0 et $\underline{A_1}$.

Corollaire 2 : Si i est un plongement de A_0 dans A_1 (c'est à dire si i est un isomorphisme de A_0 sur $\underline{A_1}$), les espaces $(A_0, A_1)_{\theta,p}$ coïncident avec A_0, algébriquement et topologiquement.

En effet, ils sont intermédiaires entre A_0 et $\underline{A_1}$. Il en résulte que l'interpolation entre un espace de Banach et l'un de ses sous-espaces fermés donne toujours ce sous-espace.

Revenons maintenant au cas général. Dans la suite, pour ne pas alourdir les notations, nous omettrons souvent de noter les injections canoniques de la page 10.

Proposition 2

$\mathcal{J}$ est dense dans $(A_0, A_1)_{\theta,p}$ pour la norme de $\mathcal{S}$.

Remarque : Conformément à la convention précédente, la signification précise de cet enoncé est : $i(\mathcal{J})$ est dense dans $j((A_0, A_1)_{\theta,p})$ pour la norme de $\mathcal{S}$.

Démonstration : La série $\sum_{m \in \mathbb{Z}} u(m)$ représentant un élément u de $(A_0, A_1)_{\theta,p}$ converge vers u dans $\mathcal{S}$, et les sommes partielles $\sum_{-M}^{+M} u(m)$ sont dans $\mathcal{J}$.

Dans le cas $p<\infty$, on peut donner un résultat (dû à Lions - Peetre [19] plus fort que la proposition 2 :

Proposition 3

Si $0<\theta<1$, $1\leq p<\infty$, $\mathcal{J}$ est dense dans $(A_o, A_1)_{\theta,p}$ pour la norme de celui-ci.

Démonstration : Soit $u\in(A_o, A_1)_{\theta,p}$, $\sum_{m\in\mathbb{Z}} u(m)=u$ une représentation de u. Les sommes partielles $\sum_{|m|\leq M} u(m)$ sont dans $\mathcal{J}$, et les sommes $\sum_{|m|>M} u(m)$ forment une représentation de $u-\sum_{|m|\leq M} u(m)$. On a donc :

$$\|u-\sum_{|m|\leq M} u(m)\|_{(A_o,A_1)_{\theta,p}} \leq \max\left(\left(\sum_{|m|>M} \|e^{\xi_o m} u(m)\|^p_{A_o}\right)^{1/p}, \left(\sum_{|m|>M} \|e^{\xi_1 m} u(m)\|^p_{A_1}\right)^{1/p}\right)$$

et, si $p<\infty$, le second membre tend vers 0 lorsque $M\to+\infty$.

La taille de $\mathcal{J}$ est donc, au vu de ces propositions, déterminante pour celle de $(A_o, A_1)_{\theta,p}$. Mais la topologie de $(A_o, A_1)_{\theta,p}$ va être davantage liée à celle de $\mathcal{Y}$. Avant d'aborder cette question, donnons une troisième version du théorème d'interpolation, valable lorsque $p<\infty$.

Proposition 4 (Théorème d'Interpolation - 3 -)

Soit T un opérateur linéaire de $A_o\cap A_1$ dans $B_o\cap B_1$, continu si ces deux espaces sont munis des normes induites par A_o et B_o respectivement, et aussi continu s'ils sont munis des normes induites par A_1 et B_1 respectivement (en d'autres termes, T opère de $\underline{A_o}$ dans $\underline{B_o}$, et de $\underline{A_1}$ dans $\underline{B_1}$). Alors T se prolonge par continuité en un opérateur continu de $(A_o, A_1)_{\theta,p}$ dans $(B_o, B_1)_{\theta,p}$ si $0<\theta<1$, $1\leq p<\infty$.

Démonstration Au vu de la proposition 3, il suffit de montrer que T est continu de $A_o\cap A_1$ muni de la norme de $(A_o, A_1)_{\theta,p}$ dans $B_o\cap B_1$ muni de la norme de $(B_o, B_1)_{\theta,p}$.

Notons d'abord que T s'étend canoniquement en un opérateur défini sur $\underline{A_o}+\underline{A_1}$, comme nous l'avons vu au chapitre I, § 1, remarque. Il suffit en effet de poser $\widetilde{T}u = Tu_0 + Tu_1$, si $u = u_0 + u_1$, et $u_0 \in A_0$, $u_1 \in A_1$. Le point $\widetilde{T}u$ est indépendant de la décomposition $u = u_0 + u_1$. L'opérateur $\widetilde{T}$ est continu de $\underline{A_0} + \underline{A_1}$ dans $\underline{B_0} + \underline{B_1}$.

Il est facile de vérifier que $\underline{A_0} + \underline{A_1}$ est un sous-espace de $A_0 + A_1$, muni de la norme induite. Si donc une série $u = \sum_{m \in \mathbb{Z}} u(m)$ est convergente dans $A_0 + A_1$, et si $u(m) \in A_0 \cap A_1$ $\forall m$, la série converge vers u dans $\underline{A_0} + \underline{A_1}$, et $\sum_{m \in \mathbb{Z}} (Tu(m))$ converge vers $\widetilde{T}u$ dans $B_0 + B_1$. La démonstration du théorème d'interpolation - 1 - faite au chapitre I, § 2, montre alors que $\widetilde{T}$ opère de $(A_0 , A_1)_{\theta,p}$ dans $(B_0 , B_1)_{\theta,p}$. Comme $\widetilde{T}$ coïncide avec T sur $A_0 \cap A_1$, la proposition s'en déduit.

§ 2. La topologie de $(A_0, A_1)_{\theta,p}$ et celle de $\mathcal{S}$: les propriétés de l'injection j lorsque $1 < p < \infty$.

Nous allons dans ce paragraphe utiliser la définition s, introduite au chapitre précédent, pour démontrer quelques propriétés de l'injection j de $(A_0, A_1)_{\theta,p}$ dans $\mathcal{S}$, dans le cas où $1 < p < \infty$. Cette définition nous permettra, en effet, d'appliquer aux espaces d'interpolation les techniques introduites par W. J. Davis, T. Figiel, W. B. Johnson, A. Pełczyński dans [12]. Auparavant, fixons quelques notations et faisons quelques rappels.

Si $(E_m)_{m \in \mathbb{Z}}$ est une suite d'espaces de Banach et p est un réel ≥ 1, on note $(\prod_{m \in \mathbb{Z}} E_m)_p$ l'espace $\{(z_m)_{m \in \mathbb{Z}} , z_m \in E_m \ \forall m , \sum_{m \in \mathbb{Z}} \|z_m\|^p_{E_m} < \infty\}$, avec pour norme

$$\|(z_m)_{m \in \mathbb{Z}}\| = \left(\sum_{m \in \mathbb{Z}} \|z_m\|^p_{E_m}\right)^{1/p}$$

Il est connu (voir par exemple S. Banach [2]) que si $1 \leq p < \infty$, le dual de $(\prod_{m \in \mathbb{Z}} E_m)_p$ est $(\prod_{m \in \mathbb{Z}} E'_m)_q$, avec $\frac{1}{p} + \frac{1}{q} = 1$. Si $1 < p < \infty$, le bidual de $(\prod_{m \in \mathbb{Z}} E_m)_p$ est donc $(\prod_{m \in \mathbb{Z}} E''_m)_p$.

Notons $\mathcal{S}_m$ l'espace $\mathcal{S}$ muni de la norme j_m (qui est, comme nous l'avons vu au chapitre I, § 4, équivalente, pour chaque m, à la norme de $\mathcal{S}$), et notons Z l'espace $(\prod_{m \in \mathbb{Z}} \mathcal{S}_m)_p$.

Dans la suite de ce paragraphe, nous nous restreignons au cas $1<p<\infty$ et nous notons simplement A l'espace $(A_o, A_1)_{\theta,p}$, pour $0<\theta<1$, $1<p<\infty$.

L'espace A (muni de la norme s) s'identifie canoniquement à un sous-espace fermé de Z (la "diagonale"); en effet, si l'on pose, pour $u \in A$:

$$\varphi(u) = (\ldots, ju, ju, \ldots) \quad ,$$

on obtient un élément de Z qui a, par définition, même norme que celle de u. L'application φ est donc un plongement isométrique de A dans Z.

Si π_o est l'application de Z sur $\mathcal{S}$ défini par $\pi_o((z_m)) = z_o$ (choix de la coordonnée d'indice o), il est clair que $j = \pi_o \circ \varphi$. Il résulte de la description du bidual de Z que la bitransposée de π_o est l'application de Z" sur $\mathcal{S}''$ définie par $\pi''_o((z''_m)) = z''_o$, si $(z''_m)_{m \in \mathbb{Z}} \in Z''$.

Nous pouvons maintenant étudier les propriétés de la bitransposée j".

Proposition 1

La bitransposée j" est injective et l'image réciproque de $\mathcal{S}$ par j" est A.

Démonstration : Nous allons d'abord déterminer φ''.

Lemme 1 : Pour tout $u'' \in A''$, on a

$$\varphi''(u'') = (\ldots, j''(u''), j''(u''), \ldots)$$

Démonstration du lemme 1 : Il suffit de montrer que l'image de φ'' est constituée de suites constantes, c'est à dire du type $(\ldots, z'', z'', \ldots)$, $z'' \in \mathcal{S}''$. En effet, puisque $j = \pi_o \circ \varphi$, $j'' = \pi''_o \circ \varphi''$, et le lemme 1 s'en déduira aussitôt.

Mais $\varphi''(A) = \varphi(A)$ est constitué de suites constantes et est dense dans $\varphi''(A'')$ pour $\sigma(\mathcal{S}'', \mathcal{S}')$ (puisque A l'est dans A" pour $\sigma(A'', A')$). Il suffit donc de remarquer que l'ensemble des suites constantes est $\sigma(\mathcal{S}'', \mathcal{S}')$ fermé pour être assuré qu'il contient $\varphi''(A'')$. Mais si $z''^{(i)} \in \mathcal{S}''$ converge vers z" pour

$\sigma(\mathcal{S}'', \mathcal{S}')$, a fortiori, pour tout m et tout $\xi \in \mathcal{S}'$, $\xi(z_m''^{(i)})$ converge vers $\xi(z_m'')$; il en résulte que la suite limite (z_m'') est constante, ce qui achève la démonstration du lemme.

Revenons maintenant à la démonstration de la proposition. Puisque φ est une isométrie, il en est de même de φ'', qui est donc injective. Il en résulte que j'' est injective. Parce que φ'' est une isométrie, on a aussi $\varphi''^{-1}(\varphi(A)) = A$. En effet, si $y \in \mathcal{S}$ et $x'' \in A''$ sont tels que $\varphi''(x'') = y$, x'' est adhérent à A pour $\sigma(\mathcal{S}'', \mathcal{S}')|_{\mathcal{S}} = \sigma(\mathcal{S}, \mathcal{S}')$. Mais $\varphi(A)$ est fermée dans $\mathcal{S}$, donc $\sigma(\mathcal{S}, \mathcal{S}')$ fermé, et $y \in \varphi(A)$. Puisque φ'' est injective, $x'' \in A$.

La proposition 1 se déduit alors immédiatement de l'égalité $j'' = \pi_o'' \circ \varphi''$.

Proposition 2

La bitransposée j'' est un isomorphisme de $\mathcal{B}_{A''}$ munie de $\sigma(A'', A')$ sur son image $j''(\mathcal{B}_{A''})$ munie de $\sigma(\mathcal{S}'', \mathcal{S}')$.

Démonstration : On sait que j'' est injective et qu'elle est continue de $\sigma(A'', A')$ dans $\sigma(\mathcal{S}'', \mathcal{S}')$. Comme $\mathcal{B}_{A''}$ est $\sigma(A'', A')$ compact, la proposition en résulte aussitôt.

Corollaire 1 : j est un isomorphisme de $\mathcal{B}_A$ muni de $\sigma(A, A')$ sur $j(\mathcal{B}_A)$ muni de $\sigma(\mathcal{S}, \mathcal{S}')$.

Corollaire 2 : L'adhérence de $j(\mathcal{B}_A)$ dans $\mathcal{S}''$ pour $\sigma(\mathcal{S}'', \mathcal{S}')$ est $j''(\mathcal{B}_{A''})$

Les propositions 1 et 2 sont à la base des résultats concernant la topologie des espaces d'interpolation. Nous allons maintenant aborder certains de ces résultats.

Proposition 3

Les espaces $A = (A_o, A_1)_{\theta,p}$ $(0 < \theta < 1,\ 1 < p < \infty)$ sont réflexifs si et seulement si l'injection j est faiblement compacte.

Démonstration : Il est évident que si A est réflexif, j est faiblement compacte. Inversement, si j est faiblement compacte, $j''(A'') \subset \mathcal{S}$ (voir par exemple Dunford - Schwartz [13] p. 482) et il résulte de la proposition 1 que $A'' = A$, et A est réflexif.

Rappelons qu'un sous - ensemble M d'un espace topologique X est dit séquentiellement compact si de toute suite de points de M on peut extraire une sous-suite convergeant vers un point de M. Il est dit relativement séquentiellement compact si de de toute suite de points de M on peut extraire une sous-suite convergeant dans X.

Proposition 4

La boule $\mathcal{B}_A$ est relativement séquentiellement compacte dans A'' pour $\sigma(A'', A')$ si et seulement si $j(\mathcal{B}_A)$ est relativement séquentiellement compact dans $\mathcal{S}''$ pour $\sigma(\mathcal{S}'', \mathcal{S}')$.

Démonstration : Cela résulte immédiatement de la proposition 2 .

Les propositions 3 et 4 permettent de donner des conditions nécessaires et suffisantes pour que les espaces $(A_o, A_1)_{\theta,p}$ $(1 < p < \infty)$ soient réflexifs ou pour que leur boule unité soit relativement séquentiellement compacte dans leur bidual (nous verrons plus loin que, grâce à un résultat de H.P. Rosenthal ce dernier énoncé est équivalent au fait que les espaces $(A_o, A_1)_{\theta,p}$ ne contiennent pas de sous-espace isomorphe à ℓ^1), en termes de conditions portant sur l'injection j . Nous approfondirons ces résultats de manière à obtenir des conditions portant sur l'injection i : les conditions ne feront plus intervenir $(A_o, A_1)_{\theta,p}$ mais seulement A_o et A_1 eux-mêmes. Ceci sera fait de deux façons différentes : à la fin de ce chapitre, dans le cas $A_o \hookrightarrow A_1$, en poursuivant l'étude topologique commencée (et toujours en utilisant les arguments de [12]), et au chapitre suivant, dans le cas général, par des méthodes complètement différentes.

Nous allons maintenant continuer l'étude de la topologie des espaces $(A_o, A_1)_{\theta,p}$ $(0 < \theta < 1,\ 1 < p < \infty)$, que la proposition 2 nous a permis d'aborder.

Proposition 5 :

Si $0 < \theta < 1$, $1 < p < \infty$, la boule unité fermée de $(A_o, A_1)_{\theta,p}$ est fermée dans $\mathcal{S}$.

Démonstration : Pour chaque m , la jauge j_m est une norme équivalente à la norme de $\mathcal{S}$, donc est semi-continue inférieurement pour $\sigma(\mathcal{S}, \mathcal{S}')$. Il en résulte que $\|\cdot\|_{(A_o, A_1)_{\theta,p}} = \left(\sum_{m \in \mathbb{Z}} j_m^p\right)^{1/p}$ l'est aussi, et donc la boule de $(A_o, A_1)_{\theta,p}$ est $\sigma(\mathcal{S}, \mathcal{S}')$ fermée; comme elle est convexe, elle est fermée dans $\mathcal{S}$ pour la norme.

Nous allons maintenant passer en revue quelques conséquences simples des propriétés topologiques que nous venons d'établir :

Proposition 6 (Séparabilité)

Les espaces $(A_o, A_1)_{\theta,p}$ $(0<\theta<1,\ 1<p<\infty)$ sont séparables si et seulement si le sous-espace $i(A_o \cap A_1)$ de $\mathcal{S}$ est séparable pour la norme de $\mathcal{S}$ (en d'autres termes, s'il existe un sous-ensemble dénombrable de $A_o \cap A_1$ dense dans celui-ci pour la norme de $\mathcal{S}$).

Démonstration : 1) Supposons $(A_o, A_1)_{\theta,p}$ séparable. Alors j(A) est séparable dans $\mathcal{S}$, et donc $i(\mathfrak{J})$, qui a même adhérence dans $\mathcal{S}$ que j(A) (prop. 2.1) l'est aussi.

2) Supposons $i(\mathfrak{J})$ séparable dans $\mathcal{S}$. Alors, toujours d'après la proposition 2.1, j(A) est séparable dans $\mathcal{S}$, donc $j(\mathcal{B}_A)$ est séparable dans $\mathcal{S}$, donc $\sigma(\mathcal{S}, \mathcal{S}')$ séparable. Mais d'après la proposition 2, corollaire 1, $\mathcal{B}_A$ est alors $\sigma(A, A')$ séparable, d'où il résulte aisément que A lui-même est séparable.

On déduit immédiatement de cette proposition des conditions suffisantes (mais non nécessaires) très simples à la séparabilité de $(A_o, A_1)_{\theta,p}$:

Corollaire 1 : Si $\mathfrak{J}$ ou $\check{\mathfrak{J}}$ est séparable, les espaces $(A_o, A_1)_{\theta,p}$ le sont aussi.

Corollaire 2 : Si A_o ou A_1 est séparable, les espaces $(A_o, A_1)_{\theta,p}$ le sont aussi.

En effet, si par exemple A_o est séparable, $u_o(\mathfrak{J})$ est séparable dans A_o, donc $i(\mathfrak{J}) = j_o \circ u_o(\mathfrak{J})$ l'est dans $\mathcal{S}$.

Mais il résulte de la proposition 6 que ces conditions, qui sont suffisantes, ne sont pas nécessaires à la séparabilité de $(A_o, A_1)_{\theta,p}$. En effet si E est un espace de Banach non séparable et F un sous-espace séparable de E, si l'on munit F d'une nouvelle norme plus fine qui le rende non séparable, les espaces d'interpolation entre E et F seront séparables sans que E ou F le soient.

Nous allons maintenant poursuivre cette étude dans le cas où $A_o \hookrightarrow A_1$.

§ 3. Le cas $A_o \hookrightarrow A_1$: les théorèmes de factorisation

Bien entendu, les propositions précédentes ont un énoncé simplifié si $A_o \hookrightarrow A_1$. En particulier, la proposition 2.6 devient :

$(A_o, A_1)_{\theta,p}$ $(0<\theta<1,\ 1<p<\infty)$ est séparable si et seulement si A_o est séparable dans A_1. Mais les propositions 2.3 et 2.4 peuvent être renforcées.

Proposition 1

Dans le cas $A_o \hookrightarrow A_1$, les espaces $(A_o, A_1)_{\theta,p}$ $(0<\theta<1,\ 1<p<\infty)$ sont réflexifs si et seulement si l'injection i est faiblement compacte.

Démonstration : Pour simplifier les notations, posons, comme Davis-Figiel-Johnson-Pełczyński dans [12], $W = i(\mathcal{B}_{A_o})$, $C = j(\mathcal{B}_A)$. Supposons i faiblement compacte : W est alors $\sigma(A_1, A_1')$ relativement compact, et son adhérence $\overline{W}$ pour cette topologie est compacte, donc fermée pour $\sigma(A_1'', A_1')$.

Puisque par définition on a $C = \{x \in A_1,\ \sum_{m\in\mathbb{Z}} j_m(x)^p \leq 1\}$, on a :

$$C \subset 2\left(e^{-\xi_o m} W + e^{-\xi_1 m}\mathcal{B}_{A_1}\right) \quad , \quad \forall m ,$$

donc

$$C \subset 2\left(e^{-\xi_o m}\overline{W} + e^{-\xi_1 m}\mathcal{B}_{A_1''}\right)$$

et ce dernier ensemble est $\sigma(A_1'', A_1')$ fermé, contient C et donc contient son adhérence pour $\sigma(A_1'', A_1')$, dont nous avons vu (proposition 2.2, corollaire 2) qu'elle était $j''(\mathcal{B}_{A''})$.

On a donc :

$$j''(\mathcal{B}_{A''}) \subset 2 \bigcap_{m\in\mathbb{N}} \left(e^{-\xi_o m}\overline{W} + e^{-\xi_1 m}\mathcal{B}_{A''}\right) ,$$

et puisque $\overline{W}$ est contenu dans A_1 :

$$j''(\mathcal{B}_{A''}) \subset \bigcap_{m\in\mathbb{N}} \left(A_1 + 2e^{-\xi_1 m}\mathcal{B}_{A''}\right) = A_1$$

et il résulte de la proposition 2.1. que $\mathcal{B}_{A''} \subset A$, et A est réflexif.

Inversement, il est évident que i est faiblement compacte si A est réflexif.

Proposition 2

La boule de $A = (A_o, A_1)_{\theta,p}$ est relativement séquentiellement compacte dans A'' pour $\sigma(A'', A')$ si et seulement si la boule de A_o est relativement séquentiellement compacte dans A_1'' pour $\sigma(A_1'', A_1')$.

Démonstration : Supposons W séquentiellement compact dans A_1'' pour $\sigma(A_1'', A_1')$ et soit (c_n) une suite de points de C. Puisque pour chaque n,

$c_n \in 2(e^{-\xi_o m} W + e^{-\xi_1 m} \mathcal{B}_{A_1})$, $\forall m \in \mathbb{N}$, on peut décomposer c_n en :

$$c_n = 2\,e^{-\xi_o m} w_{n,m} + 2\,e^{-\xi_1 m} b_{n,m}\ , \qquad \text{avec } w_{n,m} \in W$$

$$b_{n,m} \in \mathcal{B}_{A_1}$$

Puisque W est séquentiellement compact dans A_1'' pour $\sigma(A_1'', A_1')$, on peut, pour chaque m, extraire de la suite des $(w_{n,m})_{n\in\mathbb{N}}$ une sous-suite convergeant dans A_1'', pour $\sigma(A_1'', A_1')$, vers un élément w_m''. Par un procédé diagonal, on peut trouver une suite (n_i) d'entiers telle que, pour tout $m \in \mathbb{N}$, la suite des $(w_{n_i,m})_{i\in\mathbb{N}}$ converge vers w_m'' pour $\sigma(A_1'', A_1')$.

Lemme : La suite $(e^{-\xi_o m} w_m'')_{m\in\mathbb{N}}$ est de Cauchy dans A_1''.

Démonstration du lemme : On a, pour $m, m' \in \mathbb{N}$, $i \in \mathbb{N}$

$$\|e^{-\xi_o m} w_{n_i,m} - e^{-\xi_o m'} w_{n_i,m'}\|_{A_1} = \|e^{-\xi_1 m} b_{n_i,m} - e^{-\xi_1 m'} b_{n_i,m'}\|_{A_1}$$

$$\le e^{-\xi_1 m} + e^{-\xi_1 m'}$$

et donc

$$\|e^{-\xi_o m} w_m'' - e^{-\xi_o m'} w_{m'}''\|_{A_1''} \le e^{-\xi_1 m} + e^{-\xi_1 m'} \underset{m,m'\to\infty}{\longrightarrow} 0 .$$

Soit $z'' = \lim_{m\to\infty} e^{-\xi_o m} w_m''$. On a, pour tout $\xi \in A_1'$, tout $m \in \mathbb{N}$

$$|\xi(c_{n_i}) - \xi(2z'')| = |2\xi(e^{-\xi_o m} w_{n_i,m}) + 2\xi(e^{-\xi_1 m} b_{n_i,m}) - \xi(2z'')|$$

$$\le 2|\xi(e^{-\xi_o m} w_{n_i,m} - z'')| + 2\,e^{-\xi_1 m}$$

$$\leq 2|\xi(e^{-\xi_o m} w_{n_i,m}) - \xi(e^{-\xi_o m} w''_m)| + 2|\xi(e^{-\xi_o m} w''_m) - \xi(z'')| + 2e^{-\xi_1 m}$$

et il en résulte que c_{n_i} tend vers $2z''$ pour $\sigma(A''_1, A'_1)$.

Nous avons donc montré que, si W était séquentiellement relativement compact dans A''_1 pour $\sigma(A''_1, A'_1)$, il en était de même de C. La proposition 2.4 implique alors que $\mathcal{B}_A$ est relativement séquentiellement compact dans A'' pour $\sigma(A'', A')$. Comme l'autre implication de la proposition est une évidence, la démonstration est achevée.

Un résultat de H.P. Rosenthal [24] dit que, de toute suite bornée x_n dans un espace de Banach E, on peut extraire une sous-suite x'_n possédant l'une ou l'autre des propriétés suivantes :

- ou bien (x'_n) est équivalente à la base canonique de ℓ^1(ce qui signifie qu'il existe deux constantes positives m et M telles que, pour toute suite finie de scalaires (α_i), on ait :

$$m\, \Sigma|\alpha_i| \leq \|\Sigma \alpha_i\, x'_i\|_E \leq M\, \Sigma|\alpha_i|\ )$$

- ou bien, pour tout élément $\xi \in E'$, $(\xi(x'_n))$ est une suite de Cauchy (on dit que x'_n est "de Cauchy faible"),

(et les deux termes de l'alternative s'excluent l'un l'autre).

On en déduit que, pour un espace de Banach E, les deux propriétés suivantes sont équivalentes :

- la boule de E est séquentiellement relativement compacte dans E'' pour $\sigma(E'', E')$
- E ne contient pas de sous-espace isomorphe à ℓ^1 (en abrégé, ne contient pas ℓ^1).

En effet, si $\mathcal{B}_E$ est séquentiellement relativement compacte dans E'' pour $\sigma(E'', E')$, de toute suite bornée (x_n) on peut extraire une sous-suite x'_n convergeant vers un élément x'' pour $\sigma(E'', E')$, donc $\forall \xi \in E'$, $\xi(x'_n) \to \xi(x'')$; la sous-suite (x'_n) est de Cauchy faible, et le premier terme de l'alternative ne peut se produire. Inversement, si E contient ℓ^1, on peut trouver une suite (e_n) et deux constantes m et M telles que, pour toute suite finie de scalaire (α_i) on ait

$$m\, \Sigma|\alpha_i| \leq \|\Sigma\, \alpha_i\, e_i\|_E \leq M\, \Sigma|\alpha_i|$$

et toute sous-suite (e'_n) de (e_n) possède encore la même propriété. Si on définit une forme linéaire ξ sur l'espace vectoriel fermé engendré par (e'_n) par

$$\xi(e'_{2n}) = +1, \quad \xi(e'_{2n+1}) = -1 \qquad \forall n \in \mathbb{N}$$

On obtient une forme linéaire continue, car

$$|\xi(\Sigma\alpha_i e_i)| = |\Sigma(-1)^i \alpha_i| \leq \Sigma|\alpha_i| \leq \frac{1}{m} \|\Sigma\alpha_i e_i\|,$$

que l'on peut étendre à E tout entier. Il n'existe évidemment pas de limite à la suite des $(\xi(e'_n))_{n\in\mathbb{N}}$.

De la même façon, on voit très facilement (compte tenu du résultat de H.P. Rosenthal) que, si $A_0 \hookrightarrow A_1$, il est équivalent de dire :

- la boule de A_0 n'est pas séquentiellement relativement compacte dans A_1'' pour $\sigma(A_1'', A_1')$

- il existe dans A_0 une suite bornée $(e_n)_{n\in\mathbb{N}}$ dont l'image par i dans A_1 est équivalente à la base canonique de ℓ^1.

Remarquons que, si $\|e_n\|_{A_0} \leq K \quad \forall n$, et si

$$m\Sigma|\alpha_j| \leq \|i(\Sigma\alpha_j e_j)\|_A \leq M\Sigma|\alpha_j|$$

On a aussi

$$K\Sigma|\alpha_j| \geq \|\Sigma\alpha_j e_j\|_{A_0} \geq \frac{1}{\|i\|} \|i(\Sigma\alpha_j e_j)\|_{A_1} \geq \frac{m}{\|i\|}\Sigma|\alpha_j|,$$

autrement dit (e_j) est équivalente à la base de ℓ^1 dans A_0 également. Si ceci se produit, nous dirons que A_0 et A_1 contiennent des ℓ^1 homothétiques.

Compte tenu de la proposition 2, du résultat de H.P. Rosenthal et des remarques que nous venons de faire, nous avons donc obtenu :

Proposition 3

Les espaces $(A_0, A_1)_{\theta,p}$ $(0<\theta<1,\ 1<p<\infty)$ contiennent ℓ^1 si et seulement si A_0 et A_1 contiennent des ℓ^1 homothétiques.

Remarque 1

Supposons que A_0 et A_1 contiennent des ℓ^1 homothétiques, et notons F_0 le sous-espace de A_0 engendré par la suite (e_n) précédente, et F_1 le sous-espace de A_1 engendré par $i(e_n)$. F_0 et F_1 sont isomorphes à ℓ^1, donc $(F_0, F_1)_{\theta,p}$ $(0<\theta<1, 1<p<\infty)$ l'est aussi, et donc est isomorphe à un sous-espace de $(A_0, A_1)_{\theta,p}$. Ceci ne se produit pas en général, en ce sens que (même si $A_0 \hookrightarrow A_1$) l'interpolé $(F_0, F_1)_{\theta,p}$ entre des sous-espaces de A_0 et A_1 respectivement n'est pas un sous-espace de $(A_0, A_1)_{\theta,p}$: nous reviendrons sur ce point au chapitre VII, § 1.

Remarque 2

L'intérêt de la proposition 3 apparaît peut-être plus clairement si l'énoncé en est lu de la façon suivante : si l'on sait que A contient ℓ^1 et que A est espace d'interpolation entre A_0 et A_1, on obtient par cette proposition des "renseignements supplémentaires" : il y a une suite bornée dans A_0, qui est équivalente à la base de ℓ^1 dans A_1 (et donc a fortiori dans A lui-même).

Par exemple, si E est un espace de Banach, on sait que $L^2([0,1]; E)$ est isomorphe à l'espace d'interpolation $(L^1([0,1] ; E), L^\infty([0,1]; E))_{1/2, 2}$ (voir Lions - Peetre [19]). Si l'on suppose que cet espace contient ℓ^1, on déduit de la proposition 3 que $L^\infty([0,1]; E)$ et $L^1([0,1]; E)$ contiennent des ℓ^1 homothétiques : on peut trouver une suite de fonctions $(e_n(t))_{n\in\mathbb{N}}$, de $[0,1]$ dans E, fortement mesurables, et deux constantes positives m et M telles que, pour toute suite finie de scalaires (α_i), on ait :

$$m\Sigma|\alpha_i| \leq \int_0^1 \|\Sigma\alpha_i e_i(t)\|_E dt \leq (\int_0^1 \|\Sigma\alpha_i e_i(t)\|_E^2 dt)^{1/2} \leq$$

$$\leq \sup \operatorname{ess} \| \Sigma \alpha_i e_i(t)\|_E \leq M\Sigma|\alpha_i|$$

Mentionnons à propos de cet exemple un résultat récent de G. Pisier : si $L^2([0,1]; E)$ contient ℓ^1, il en est de même de E.

Mentionnons aussi qu'aucun résultat n'est connu concernant la présence dans l'espace d'Interpolation de sous-espace isomorphe à c_0, question qui est en un certain sens duale de celle à laquelle répond la proposition 3.

Les propositions 1 et 3 permettent d'obtenir des "théorèmes de factorisation" : si T est un opérateur de E dans F possédant certaines propriétés, on cherche à mettre en évidence un espace Y, dont l'identité possède ces mêmes propriétés, et deux opérateurs: U, de E dans Y, V, de Y dans F, tels que $T = V \circ U$. Des deux résultats qui suivent, le premier a initialement été établi par W.J. Davis - T. Figiel - W.B. Johnson - A. Pełczyński dans [12], le second est dû à l'auteur [5].

Proposition 4

Tout opérateur faiblement compact se factorise par un espace réflexif.

Proposition 5

S'il n'est pas possible de trouver de sous-espace E_1 de E satisfaisant à la fois aux deux conditions suivantes :

a) E_1 est isomorphe à ℓ^1

b) La restriction de T à E_1 est un isomorphisme,

alors T se factorise par un espace qui ne contient pas ℓ^1.

Pour démontrer ces deux propositions, considérons l'espace F muni de la jauge de $T(\mathcal{B}_E)$. C'est un espace de Banach, que nous noterons A_0, et qui est isométrique au quotient $E/\ker T$. Notons A_1 l'espace F muni de sa norme. Puisque T était continu, il y a une injection continue i de A_0 dans A_1. On vérifie immédiatement que cette injection est faiblement compacte dès que T l'est, et qu'il existe un sous-espace de A_0 isomorphe à ℓ^1 sur lequel i est un isomorphisme si et seulement si il existe un sous-espace de E isomorphe à ℓ^1 sur lequel T est un isomorphisme. Donc, d'après les propositions 1 et 3, les espaces $(A_0, A_1)_{\theta,p}$ $(0<\theta<1,\ 1<p<\infty)$ sont réflexifs ou ne contiennent pas ℓ^1. N'importe lequel de ces espaces peut convenir comme espace Y pour la factorisation. En effet, l'opérateur T est continu de E dans A_0, donc, si u est l'injection de A_0 dans $(A_0, A_1)_{\theta,p}$ et j celle de $(A_0, A_1)_{\theta,p}$ dans A_1, les opérateurs $u \circ T$ et j donnent la factorisation souhaitée.

Nous aurons l'occasion de voir, au chapitre suivant, un nouvel exemple de théorème de factorisation, avec la propriété de Banach-Saks. Nous verrons aussi, au chapitre V, des propriétés qui, elles, ne donnent pas de théorème de factorisation.

Les propositions 1 et 3 résolvent complètement, dans le cas $A_0 \hookrightarrow A_1$, la question de la réflexivité des espaces d'interpolation, et la question de la présence dans ceux-ci de sous-espaces isomorphes à ℓ^1. Malheureusement, nous ne savons pas résoudre ces questions dans le cadre général au moyen des techniques développées jusqu'ici: il va être nécessaire d'avoir recours à des méthodes nouvelles, que nous appellerons "géométriques". Ces méthodes, qui ont été introduites par l'auteur dans [7] et [8], sont étudiées au chapitre suivant.

CHAPITRE III

METHODES GEOMETRIQUES POUR L'ETUDE DES ESPACES D'INTERPOLATION

Notre but, dans ce chapitre, est d'abord de développer de nouvelles méthodes permettant d'étendre au cadre général les propositions démontrées au § 3 du chapitre précédent. Pour cela, nous remarquerons que les propriétés étudiées peuvent être caractérisées par la présence dans l'espace d'une suite infinie de points possédant une certaine propriété. Si l'espace est un espace d'interpolation A entre A_o et A_1 nous montrerons que ces points peuvent être choisis dans $A_o \cap A_1$, bornés dans $A_o \cap A_1$, et que la propriété qu'ils satisfont dans A est également vérifiée dans $\mathcal{S}$: nous aurons alors transformé une propriété de A en une propriété de l'injection i de $A_o \cap A_1$ dans $A_o + A_1$. Un exemple de tel calcul sera donné au § 2 avec la propriété de Banach - Saks.

§ 1 Réflexivité et présence de sous - espaces isomorphes à ℓ^1

a) Réflexivité

D'après un résultat de R.C. James [15], la non - réflexivité d'un espace de Banach E peut être caractérisée par la présence dans E d'une certaine suite de points. En effet, d'après [15], les propriétés suivantes sont équivalentes :

- E est non - réflexif
- Pour un certain δ avec $0 < \delta < 1$, on peut trouver une suite de points $(e_n)_{n \in \mathbb{N}}$, de norme 1, avec :

(1) $\forall k \in \mathbb{N}$, $\forall\, \alpha_1, \ldots, \alpha_k$ réels positifs de somme 1, $\forall\, \alpha_{k+1}, \ldots,$ réels positifs de somme 1, on a

$$\Big\| \sum_1^k \alpha_i e_i - \sum_{k+1}^{\infty} \alpha_i e_i \Big\| \geq \delta$$

(ce qu'on note $\mathrm{dist}(\mathrm{conv}(e_1, \ldots, e_k), \mathrm{conv}(e_{k+1} \ldots)) \geq \delta$)

- Pour un certain δ avec $0<\delta<1$, on peut trouver une suite de points $(e_n)_{n\in\mathbb{N}}$, de norme égale à 1, satisfaisant :

(1 bis)
$$\begin{cases} \forall k \in \mathbb{N},\ \forall \alpha_1,\dots,\alpha_k \text{ réels positifs de somme 1, } \forall \alpha_{k+1},\dots, \\ \text{réels quelconques,} \\ \qquad \left\| \sum_1^k \alpha_i e_i - \sum_{k+1}^{\infty} \alpha_i e_i \right\| \geq \delta \\ \qquad (\text{ce qu'on note } \operatorname{dist}(\operatorname{conv}(e_1,\dots,e_k), \operatorname{span}(e_{k+1},\dots)) \geq \delta \end{cases}$$

Si les propriétés (1) ou (1 bis) sont satisfaites pour un δ entre 0 et 1, elles le sont automatiquement pour tout δ entre 0 et 1, en ce sens que, pour tout δ entre 0 et 1, on peut, si E n'est pas réflexif, trouver une suite de points $(e_n)_{n\in\mathbb{N}}$ de norme 1 satisfaisant (1) ou (1bis) . En d'autres termes, on peut choisir δ aussi proche de 1 que l'on veut dans (1) ou (1 bis) , si E n'est pas réflexif.

Si E_1 et E_2 sont deux espaces de Banach entre lesquels existe une injection continue i, un théorème analogue, démontré dans [15], est vrai pour la non - faible - compacité : i n'est pas faiblement compacte si et seulement si on peut trouver dans E_1 une suite de points $(e_n)_{n\in\mathbb{N}}$, bornée dans E_1, dont les images par i vérifient (1) ou (1 bis) , pour un certain δ entre 0 et 1.

b) Présence de sous - espaces isomorphes à ℓ^1

Nous avons déjà vu que E contenait ℓ^1 si et seulement si on pouvait y trouver une suite de points $(e_n)_{n\in\mathbb{N}}$, de norme 1, vérifiant, pour un certain δ entre 0 et 1, pour toute suite finie de scalaire (α_i) :

(2)
$$\delta \Sigma |\alpha_i| \leq \| \Sigma \alpha_i e_i \| \leq \Sigma |\alpha_i|$$

Là encore, d'après un résultat de R.C. James [16], le nombre δ peut être choisi arbitrairement proche de 1.

Si les (e_n) sont bornés dans E_1 et si leurs images $i(e_n)$ possèdent la propriété (2) dans E_2, nous dirons que E_1 et E_2 contiennent des ℓ^1 homothétiques: cette définition a déjà été donnée au chapitre précédent.

Pour les espaces d'interpolation $A = (A_o, A_1)_{\theta,p}$ $(0<\theta<1,\ 1<p<\infty)$ la réflexivité et la présence de sous-espaces isomorphes à ℓ^1 peuvent être complètement décrites par des propriétés de l'injection i, de $\mathfrak{J} = A_o \cap A_1$ dans $\mathcal{S} = A_o + A_1$. Cette caractérisation est évidemment optimale, en ce sens qu'elle ne fait pas intervenir les espaces intermédiaires, mais seulement A_o et A_1 eux-mêmes. Les théorèmes qui suivent ont été établis par l'auteur dans [8]. Ils généralisent évidemment ceux du chapitre précédent.

Théorème 1 Les espaces $(A_o, A_1)_{\theta,p}$ $(0<\theta<1,\ 1<p<\infty)$ sont réflexifs si et seulement si l'injection i, de $A_o \cap A_1$ dans $A_o + A_1$, est faiblement compacte.

Théorème 2 Les espaces $(A_o, A_1)_{\theta,p}$ $(0<\theta<1,\ 1<p<\infty)$ contiennent ℓ^1 si et seulement si $A_o \cap A_1$ et $A_o + A_1$ contiennent des ℓ^1 homothétiques.

Remarque : Ces propriétés peuvent être également caractérisées au moyen de n'importe laquelle des injections u_o, u, u_1, j_o, j, j_1 ; les démonstrations sont beaucoup plus simples et ne nécessitent pas l'introduction de techniques nouvelles. Bien entendu, une propriété de l'injection i rend compte de toutes les autres. Notre résultat est donc beaucoup plus fort que celui démontré par H. Morimoto [8] qui assurait que $(A_o, A_1)_{\theta,p}$ était réflexif si A_o ou A_1 l'était.

Nous allons maintenant démontrer ces théorèmes; les deux démonstrations seront menées de front, car elles suivent la même ligne.

Remarquons tout d'abord que, pour chacun des théorèmes, l'une des implications est une évidence, du fait que A est intermédiaire entre $\mathfrak{J}$ et $\mathcal{S}$. Par exemple, si $\mathfrak{J}$ et $\mathcal{S}$ contiennent des ℓ^1 homothétiques, il est clair que A contient ℓ^1.

Au vu des propositions II.2.3 et II.2.4., il nous suffit donc, pour établir les théorèmes, de démontrer les propositions suivantes :

Proposition 1 :

L'injection j est faiblement compacte si l'injection i l'est.

Proposition 2 :

$\mathfrak{J}$ et $\mathcal{S}$ ont des ℓ^1 homothétiques si A et $\mathcal{S}$ en ont.

Nous allons maintenant établir ces deux propositions .

Supposons que j ne soit pas faiblement compacte. On peut alors trouver une suite de points $(e_n)_{n \in \mathbb{N}}$ dans A, de norme 1, dont les images, pour un certain δ_o, possèdent la propriété (1 bis) dans $\mathcal{S}$. De même si A et $\mathcal{S}$ ont des ℓ^1 homothétiques, on peut trouver une suite de points $(e_n)_{n \in \mathbb{N}}$ dans A, de norme 1, dont les images, pour un certain δ_o, vérifient (2) dans $\mathcal{S}$.

Dans les deux cas, pour tout choix de scalaires $c_1, \dots, c_n$ positifs de somme 1, on a

$$\|\Sigma\, c_i e_i\| \geq \delta_o \tag{3}$$

Choisissons pour chaque n un représentant $e_n(t)$ de e_n, avec

$$\max\left(\|e^{\xi_o t} e_n(t)\|_{L^p(A_o)},\ \|e^{\xi_1 t} e_n(t)\|_{L^p(A_1)}\right) \leq 2 \tag{4}$$

On aura alors, pour tout choix de scalaires (c_i) positifs et de somme 1, en notant C_1 la constante telle que $\|x\|_{\mathcal{S}} \leq C_1 \|x\|_A\ \forall x \in A$,

$$\delta_o \leq \|\Sigma c_i e_i\|_{\mathcal{S}} \leq C_1 \|\Sigma c_i e_i\|_A \leq C_1 \|e^{\xi_o t} \Sigma c_i e_i(t)\|^{1-\theta}_{L^p(A_o)} \times$$
$$\times \|e^{\xi_1 t} \Sigma c_i e_i(t)\|^{\theta}_{L^p(A_1)}$$

Il résulte immédiatement de (4) que, si l'on pose

$$\delta_1 = \min\left(\left(\frac{\delta_o}{2^\theta C_1}\right)^{1/1-\theta}, \left(\frac{\delta_o}{2^{1-\theta} C_1}\right)^{1/\theta}\right),$$

on a :

$$\begin{cases} \|e^{\xi_o t} \Sigma c_i e_i(t)\|_{L^p(A_o)} \geq \delta_1 \\ \|e^{\xi_1 t} \Sigma c_i e_i(t)\|_{L^p(A_1)} \geq \delta_1 \end{cases} \tag{5}$$

Nous allons maintenant, au moyen d'un procédé dû à R.C. James [16], améliorer les estimations précédentes, sur des blocs de la suite $(e_n(t)_{n \in \mathbb{N}})$.

On pose

$$\delta = \frac{1}{p}\left(\frac{\delta_o}{36\, C_1}\right)^p$$

Lemme 1 Il existe une suite strictement croissante d'entiers p_k et une suite de blocs $f_k(t) = \sum_{j=p_k+1}^{p_{k+1}} \gamma_j e_j(t)$ (où les $(\gamma_j)_{j=p_k+1\ldots p_{k+1}}$ sont positifs et de somme 1), il existe deux nombres réels positifs K_o et K_1, avec

$$(6)\quad \begin{cases} \|e^{\xi_o t} f_k(t)\|_{L^p(A_o)} \leq K_o(1+\delta) \\ \|\Sigma c_i e^{\xi_o t} f_i(t)\|_{L^p(A_o)} \geq K_o(1-\delta) \end{cases}$$

et

$$(6\text{ bis})\quad \begin{cases} \|e^{\xi_1 t} f_k(t)\|_{L^p(A_1)} \leq K_1(1+\delta) \\ \|\Sigma c_i e^{\xi_1 t} f_i(t)\|_{L^p(A_1)} \geq K_1(1-\delta), \end{cases}$$

pour tout choix de coefficients (c_i) positifs et de somme 1, pour tout $k \in \mathbb{N}$.

Démonstration du lemme 1

On procède successivement dans $L^p(A_o)$ et $L^p(A_1)$. Posons :

$$K_m^o = \inf\{\| e^{\xi_o t} \sum_{i\geq m} \alpha_i e_i(t)\|_{L^p(A_o)} \; ; \; (\alpha_i) \text{ suite finie de coefficients positifs et de somme } 1\}.$$

On a, pour tout $m \in \mathbb{N}$, $K_m^o \geq \delta_1$ (d'après (5)) et $K_m^o \leq 2$ (d'après (4)). La suite K_m^o est croissante; soit $K^o = \lim_{m\to\infty} K_m^o$. Choisissons p_1' tel que $K^o_{p_1'+1} \geq (1-\delta) K_o$. On peut trouver des coefficients $(\alpha_i)_{i\geq p_1'+1}$, positifs de somme 1, tels que :

$$\|\sum_{i\geq p_1'+1} \alpha_i e^{\xi_o t} e_i(t)\|_{L^p(A_o)} \leq (1+\delta) K^o_{p_1'} \leq (1+\delta) K^o$$

Soit p_2' l'indice du dernier coefficient non nul, et ainsi de suite. On construit ainsi une suite d'entiers p'_k , une suite de blocs

$$f'_k(t) = \sum_{i = p'_k + 1}^{p'_{k+1}} \alpha_i \, e_i(t) \quad , \text{ avec } \quad (\alpha_i)_{i = p'_k + 1, \dots, p'_{k+1}}$$ positifs et de

somme 1 pour tout k, avec

$$\| e^{\xi_0 t} \, f'_k(m) \|_{L^p(A_0)} \leq (1 + \delta) \, K_0 ,$$

et, si (c_i) sont des coefficients positifs de somme 1, $\Sigma c_i \, f'_i(t)$ est une combinaison à coefficients positifs des $e_i(t)$ commençant à $p'_1 + 1$, et donc

$$\| e^{\xi_0 t} \, \Sigma c_i \, f'_i(t) \|_{L^p(A_0)} \geq K^o_{p'_1 + 1} \geq (1 - \delta) \, K^0$$

Puisque les blocs sont construits au moyen de coefficients positifs de somme 1, les estimations (4) et (5) restent satisfaites par les $f'_i(t)$ avec le même δ_1, dans $L^p(A_1)$. On effectue la même construction sur les $f'_i(t)$, dans $L^p(A_1)$ cette fois : on construit des blocs à coefficients positifs et de somme 1 sur les $f'_i(t)$; on note $f_k(t)$ les blocs obtenus. Ils satisfont encore aux estimations (6) obtenues pour les f'_i, et possèdent en outre les propriétés (6bis).

Il résulte de (4) et (6) que

$$2 \geq \| e^{\xi_0 t} \, f_n(t) \|_{L^p(A_0)} \geq K_0 (1 - \delta) \, ,$$

et donc $K_0 \leq \frac{2}{1 - \delta} \leq \frac{5}{2}$, et $(1 + \delta) K_0 \leq 3$, car $\delta \leq 1/5$, et de même $K_1 \leq \frac{5}{2}$ et $(1 + \delta) K_1 \leq 3$.

Si les (e_n) possédaient, dans $\mathcal{S}$, la propriété (1 bis) pour un certain δ_0, il en est de même des $f_k = \int_{-\infty}^{+\infty} f_k(t) \, dt$, avec le même δ_0, et si les (e_n) vérifiaient (2) dans $\mathcal{S}$, les (f_k) vérifient aussi (2) dans $\mathcal{S}$, toujours avec le même δ_0 .

Nous abandonnerons désormais les (e_n) pour ne plus nous intéresser qu'aux (f_k).

Nous allons maintenant montrer que les fonctions $(e^{\xi_0 t} f_k(t))_{k \in \mathbb{N}}$ et

$(e^{\xi_1 t} f_k(t))_{k\in\mathbb{N}}$ prennent presque toute leur masse sur un compact fixe, dans $L^p(A_o)$ et $L^p(A_1)$ respectivement.

Lemme 2 : Il existe un nombre réel positif M et un entier k_o tels que $\forall k \geq k_o$:

$$(7) \qquad \left(\int_{-M}^{+M} \|e^{\xi_o t} f_k(t)\|_{A_o}^p \, dt\right)^{1/p} \geq (1-2\delta) K_o$$

et

$$(7\,\text{bis}) \qquad \left(\int_{-M}^{+M} \|e^{\xi_1 t} f_k(t)\|_{A_1}^p \, dt\right)^{1/p} \geq (1-2\delta) K_1 .$$

Démonstration du lemme 2 : Il suffit de montrer séparément l'existence de nombres M_o, k'_o et M_1, k''_o convenant pour A_o et A_1, respectivement : on prendra $M = \max(M_o, M_1)$, $k_o = \max(k'_o, k''_o)$. Donnons la démonstration pour A_o; celle pour A_1 est identique.

Supposons la conclusion de (7) fausse : on peut alors, pour tout M et tout k_o, trouver $k \geq k_o$ tel que

$$\left(\int_{-M}^{+M} \|e^{\xi_o t} f_k(t)\|_{A_o}^p \, dt\right)^{1/p} < (1-2\delta) K_o$$

On utilise alors un procédé de "bosse glissante". Soit $M = 1$, $k_o = 1$. On peut trouver $k_1 \geq 1$ tel que

$$\left(\int_{-1}^{+1} \|e^{\xi_o t} f_{k_1}(t)\|_{A_o}^p \, dt\right)^{1/p} < (1-2\delta) K_o .$$

La fonction $e^{\xi_o t} f_{k_1}(t)$ prend presque toute sa masse sur une certain compact : soit M_1 tel que

$$\left(\int_{|t|>M_1} \|e^{\xi_o t} f_{k_1}(t)\|_{A_o}^p \, dt\right)^{1/p} < \delta K_o$$

et soit $k_2 > k_1$ tel que

$$\left(\int_{-M_1}^{+M_1} \|e^{\xi_o t} f_{k_2}(t)\|_{A_o}^p \, dt\right)^{1/p} < (1-2\delta) K_o ,$$

et ainsi de suite : on construit par récurrence une suite strictement croissante de réels positifs M_j, tendant vers l'infini, et une suite strictement croissante d'entiers k_j, telles que, pour tout j :

$$\Big(\int_{|t|>M_j} \|e^{\xi_o t} f_n(t)\|^p_{A_o} \, dt\Big)^{1/p} < \frac{\delta K_o}{2} \qquad \text{si } n \le k_j$$

$$\Big(\int_{-M_j}^{M_j} \|e^{\xi_o t} f_{k_{j+1}}(t)\|^p_{A_o} \, dt\Big)^{1/p} < (1-2\delta) K_o$$

Posons

$$f'_j(t) = f_{k_j}(t) \quad \text{si} \quad M_{j+1} \le |t| < M_j$$

$$= 0 \quad \text{sinon,}$$

et

$$f''_j(t) = f_{k_j}(t) - f'_j(t)$$

Par construction, les $f''_j(t)$ sont à supports disjoints. Pour les f''_j, on a :

$$\Big(\int_{-\infty}^{+\infty} \|e^{\xi_o t} f''_j(t)\|^p_{A_o} \, dt\Big)^{1/p} \le \Big(\int_{-M_{j-1}}^{M_{j-1}} \|e^{\xi_o t} f_{k_j}(t)\|^p_{A_o} \, dt\Big)^{1/p}$$

$$+ \Big(\int_{|t|>M_j} \|e^{\xi_o t} f_{k_j}(t)\|^p_{A_o} \, dt\Big)^{1/p}$$

$$\le (1-2\delta)K_o + \frac{\delta K_o}{2} = \Big(1 - \frac{3\delta}{2}\Big)K_o$$

Mais on a, pour tout n, en vertu du lemme 1 :

$$K_o(1-\delta) \le \|e^{\xi_o t} \frac{1}{n} \sum_{j=1}^{n} f_{k_j}(t)\|_{L^p(A_o)} \le \|e^{\xi_o t} \frac{1}{n} \sum_{j=1}^{n} f'_{k_j}(t)\|_{L^p(A_o)}$$

$$+ \|e^{\xi_o t} \frac{1}{n} \sum_{j=1}^{n} f''_{k_j}(t)\|_{L^p(A_o)}$$

$$\le (1+\delta)K_o \, n^{1/p-1} + \Big(1 - \frac{3\delta}{2}\Big)K_o$$

Mais comme $1 - \delta > 1 - \frac{3\delta}{2}$, il est impossible que ceci se produise si n est assez grand ; cette contradiction prouve le lemme.

Nous renumérotons la suite (f_k) après avoir supprimé les k_o premiers termes. Le lemme 2 devient alors vrai avec $k_o = 1$.

Posons $y_k = \int_{-M}^{+M} f_k(t)\, dt$. Les fonctions $f_k(t)$ sont à valeurs dans $A_o \cap A_1$; nous allons voir que les points $(y_k)_{k \in \mathbb{N}}$ sont dans $\mathfrak{J}$ et que leurs normes dans $\mathfrak{J}$ sont bornées :

<u>Lemme 3</u> : Les points $(y_k)_{k \in \mathbb{N}}$ appartiennent à $\mathfrak{J}$, et il existe une constante C (dépendant de M, θ et p) telle que

$$\forall k \in \mathbb{N} \text{ , } \|y_k\|_{\mathfrak{J}} \leq C$$

<u>Démonstration du lemme 3</u> : On a

$$\|y_k\|_{A_o} = \|\int_{-M}^{+M} f_k(t)\, dt\|_{A_o} \leq \int_{-M}^{+M} \|f_k(t)\|_{A_o}\, dt$$

$$\leq \left(\int_{-M}^{M} e^{-\xi_o q t} dt\right)^{1/q} . \left(\int_{-M}^{M} \|e^{\xi_o t} f_k(t)\|_{A_o}^p\, dt\right)^{1/p} \qquad (\text{avec } \frac{1}{p} + \frac{1}{q} = 1)$$

$$\leq 3 \left(\frac{e^{\xi_o Mq} - e^{-\xi_o Mq}}{\xi_o q}\right)^{1/q}$$

et de même

$$\|y_k\|_{A_1} \leq 3 \left(\frac{e^{\xi_1 Mq} - e^{-\xi_1 Mq}}{\xi_1 q}\right)^{1/q}$$

d'où

$$\|y_k\|_{\mathfrak{J}} \leq 3 \max\left(\left(\frac{e^{\xi_o Mq} - e^{-\xi_o Mq}}{\xi_o q}\right)^{1/q} , \left(\frac{e^{\xi_1 Mq} - e^{-\xi_1 Mq}}{\xi_1 q}\right)^{1/q}\right)$$

Ce qui prouve le lemme.

Il résulte du lemme 2 que la norme de $y_k - f_k$, dans A, est petite. En effet, $y_k - f_k$ admet un représentant nul de $-M$ à M :

$$f_k - y_k = \int_{|t| > M} f_k(t)\, dt \text{ ,}$$

et donc :

$$\|f_k - y_k\|_A \leq \max\left(\left(\int_{|t|>M} \|e^{\xi_0 t} f_k(t)\|_{A_0}^p \,dt\right)^{1/p}, \left(\int_{|t|>M} \|e^{\xi_1 t} f_k(t)\|_{A_1}^p \,dt\right)^{1/p}\right)$$

Mais on sait que

$$\int_{|t|\leq M} \|e^{\xi_0 t} f_k(t)\|_{A_0}^p \,dt + \int_{|t|>M} \|e^{\xi_0 t} f_k(t)\|_{A_0}^p \,dt \leq K_0^p(1+\delta)^p$$

et donc d'après le lemme 2 :

$$\int_{|t|>M} \|e^{\xi_0 t} f_k(t)\|_{A_0}^p \,dt \leq K_0^p (1+\delta)^p - K_0^p(1-2\delta)^p$$

$$\leq K_0^p\, 3\delta\, p\, 3^{p-1} = 3^p\, p\, K_0^p\, \delta$$

et de même :

$$\int_{|t|>M} \|e^{\xi_1 t} f_k(t)\|_{A_1}^p \,dt \leq 3^p\, p\, K_1^p\, \delta$$

d'où il résulte que

$$\|f_k - y_k\| \leq \max(K_0, K_1) \cdot 3 \cdot (p\delta)^{1/p}$$

$$\leq 9(p\delta)^{1/p}$$

On en déduit que :

$$\|f_k - y_k\| \leq 9C_1 \,(p\delta)^{1/p} \leq \delta_0/4$$

en vertu du choix de δ.

Les calculs ont jusqu'ici été communs pour les théorèmes 1 et 2. Nous allons maintenant considérer séparément la réflexivité et la présence de ℓ^1. Si A n'est pas réflexif, les (e_n) de départ vérifient , $\forall k \in \mathbb{N}$:

$$\mathrm{dist}_{\mathcal{S}}\,(\mathrm{conv}(e_1,\ldots,e_k)\ ,\ \mathrm{conv}(e_{k+1},\ldots)) > \delta_0\ ,$$

et donc les (f_k) construits au lemme 2 aussi. On a, pour tout k, si $\alpha_1,\ldots\alpha_k$,

$\alpha_{k+1}, \ldots$ sont des réels positifs avec $\sum_1^k \alpha_i = \sum_{k+1}^\infty \alpha_i = 1$,

$$\|\sum_1^k \alpha_i y_i - \sum_{k+1}^\infty \alpha_i y_i\|_{\mathcal{J}} \geq \|\sum_1^k \alpha_i f_i - \sum_{k+1}^\infty \alpha_i f_i\|_{\mathcal{J}}$$

$$- \|\sum_1^k \alpha_i (y_i - f_i)\|_{\mathcal{J}} - \|\sum_{k+1}^\infty \alpha_i (y_i - f_i)\|_{\mathcal{J}}$$

$$\geq \delta_o - \frac{2\delta_0}{4} = \frac{\delta_0}{2}$$

Comme les (y_k) sont bornées dans $\mathcal{J}$ en vertu du lemme 3, ceci prouve que l'injection i : $\mathcal{J} \to \mathcal{J}$ n'est pas faiblement compacte, et achève la démonstration du théorème 1.

Si A contient un sous-espace isomorphe à ℓ^1, les (e_n), et donc les (f_n), de départ vérifient :

$$\|\Sigma \alpha_i f_i\| \geq \delta_0 \Sigma |\alpha_i|$$

et donc

$$\|\Sigma \alpha_i y_i\| \geq \|\Sigma \alpha_i f_i\| - \Sigma |\alpha_i| \|y_i - f_i\|$$

$$\geq \frac{3\delta_0}{4} \Sigma |\alpha_i|$$

Ce qui prouve que $\mathcal{J}$ et $\mathcal{J}$ possèdent des ℓ^1 homothétiques et achève la démonstration du théorème 2.

Remarque 1 : Il résulte immédiatement du théorème 2 et du fait que A_0 et A_1 sont intermédiaires entre $\mathcal{J}$ et $\mathcal{J}$ que les points (y_k) sont équivalents à la base de ℓ^1 aussi dans A_0 et dans A_1.

Remarque 2 : On a pu voir que, pour établir l'équivalence entre la réflexivité de A et la faible compacité de j , nous nous sommes servis des résultats du chapitre précédent. Nous ne savons pas établir cette équivalence par des méthodes purement géométriques, non plus que l'équivalence entre le fait que A contienne ℓ^1 et le fait que A et $\mathcal{J}$ contiennent des ℓ^1 homothétiques. Pourtant les méthodes géométriques donnent très simplement le résultat complet dans le cas $A_o \hookrightarrow A_1$; nous ne donnerons pas le détail des calculs ici, mais ils suivent (en plus simple) la ligne de la démonstration que nous allons maintenant faire pour la propriété de Banach - Saks.

§ 2 La propriété de Banach - Saks

Nous allons maintenant montrer comment les méthodes géométriques que nous venons de décrire permettent d'obtenir de nouveaux théorèmes de factorisation (outre ceux obtenus au chapitre II, § 3). L'exemple que nous allons développer ici est celui de la propriété de Banach - Saks, mais il nous semble que les méthodes introduites peuvent s'appliquer à l'étude d'autres propriétés.

Soit $(x_n)_{n \in \mathbb{N}}$ une suite de points dans un espace de Banach; on dit qu'elle est de Banach - Saks si les sommes de Césaro $\frac{1}{n} \sum_1^n x_k$ convergent. On dit qu'un espace de Banach E possède la propriété de Banach - Saks si toute suite bornée contient une sous-suite qui est de Banach - Saks. Tous les espaces uniformément convexes, ou, plus généralement, super - réflexifs (ce terme est défini au chapitre V), possèdent cette propriété qui, elle - même, implique la réflexivité.

Soient E et F deux espaces de Banach, T un opérateur linéaire continu de E dans F. Nous dirons que T possède la propriété de Banach - Saks si de toute suite bornée dans E on peut extraire une sous - suite dont l'image par T est de Banach - Saks dans F.

Nous plaçant, pour établir un théorème de factorisation, dans le cadre $A_o \hookrightarrow A_1$, nous allons déterminer dans quels cas les espaces d'interpolation possèdent la propriété de Banach-Saks. Le théorème qui suit a été établi par l'auteur dans [7].

<u>Théorème 1</u> : Les espaces $(A_o, A_1)_{\theta,p}$ $(0<\theta<1,\ 1<p<\infty)$ possèdent la propriété de Banach-Saks si et seulement si l'injection $i : A_o \to A_1$ la possède.

<u>Démonstration du théorème</u> : Là encore, il est clair que si $(A_o, A_1)_{\theta,p}$ possède la propriété, il en est de même de i. Nous allons donc supposer que $(A_o, A_1)_{\theta,p}$ ne la possède pas.

<u>Lemme 1</u> : Si l'injection i a la propriété de Banach - Saks, elle est faiblement compacte.

Démonstration du lemme 1 : Si i n'était pas faiblement compacte, on pourrait trouver un nombre $\theta > 0$ et une suite de points $(e_n)_{n\in\mathbb{N}}$ de A_o, de norme 1, avec $\forall k$,

$$\mathrm{dist}_{A_1}(\mathrm{conv}(e_1,\ldots,e_k),\ \mathrm{conv}(e_{k+1},\ldots)) > \theta$$

Mais il est clair qu'aucune sous-suite de la suite (e_n) ne peut avoir une image de Banach - Saks, puisque $\forall N$,

$$\left\|\frac{1}{N}\sum_1^N e_{n_k} - \frac{1}{2N}\sum_1^{2N} e_{n_k}\right\|_{A_1} \geq \theta/2 ,$$

et ceci prouve le lemme .

Par conséquent, si l'injection i est de Banach - Saks, elle est faiblement compacte, et les espaces $(A_o, A_1)_{\theta,p}$ $(0<\theta<1,\ 1<p<\infty)$ sont réflexifs d'après la proposition II. 3.1. Nous allons maintenant montrer qu'ils ont la propriété de Banach - Saks.

Supposons au contraire que l'on puisse trouver dans l'un des espaces $(A_o, A_1)_{\theta,p}$ une suite (e_n) bornée dont aucune sous - suite ne soit de Banach - Saks. Il est facile de voir que l'on peut supposer la suite $(e_n)_{n\in\mathbb{N}}$ normalisée, et, puisque l'espace est réflexif, faiblement convergente vers 0. Un résultat de H.P. Rosenthal ([26]; voir aussi [9]) permet alors d'affirmer qu'il existe un nombre $\delta > 0$ et une sous - suite $(e'_n)_{n\in\mathbb{N}}$ de la suite (e_n) qui possède la propriété suivante :

(1)
$$\begin{cases} \forall k, \quad k \leq n_1 < n_2 < \ldots < n_{2^k} \\ \forall\ c_1,\ldots, c_{2^k} \quad \text{scalaires, on a} \\ \delta \displaystyle\sum_{\alpha=1}^{2^k} |c_\alpha| \leq \left\| \sum_{\alpha=1}^{2^k} c_\alpha\, e'_{n_\alpha} \right\|_A \end{cases}$$

Soit $\eta > 0$; choisissons, pour chaque n, un représentant $e'_n(t)$ de e'_n, avec pour chaque n :

(2)
$$\begin{cases} \displaystyle\int_{-\infty}^{+\infty} e'_n(t)\, dt = e'_n , \\ \max\left(\|e^{\xi_o t} e'_n(t)\|_{L^p(A_o)} ,\ \|e^{\xi_1 t} e'_n(t)\|_{L^p(A_1)} \right) \leq 1+\eta \end{cases}$$

En utilisant la formule d'interpolation, on peut écrire, $\forall k$, $k \le n_1 < \dots < n_{2^k}$, $\forall c_1, \dots, c_{2^k}$ scalaires.

$$\delta \sum_{\alpha=1}^{2^k} |c_\alpha| \le \| e^{\xi_0 t} \Sigma c_\alpha e'_{n_\alpha}(t) \|^{1-\theta}_{L^p(A_0)} \cdot \| e^{\xi_1 t} \Sigma c_\alpha e'_{n_\alpha}(t) \|^{\theta}_{L^p(A_1)}$$

d'où l'on déduit, par un calcul déjà fait :

$$(3) \qquad \begin{cases} \| e^{\xi_0 t} \sum_1^{2^k} c_\alpha e'_{n_\alpha}(t) \|_{L^p(A_0)} \ge \delta' \Sigma |c_\alpha| \\ \| e^{\xi_1 t} \sum_1^{2^k} c_\alpha e'_{n_\alpha}(t) \|_{L^p(A_1)} \ge \delta' \Sigma |c_\alpha| \end{cases}$$

avec

$$\delta' = \min \left[\frac{\delta^{\frac{1}{1-\theta}}}{(1+\eta)^{\frac{\theta}{1-\theta}}} , \frac{\delta^{\frac{1}{\theta}}}{(1+\eta)^{\frac{1-\theta}{\theta}}} \right]$$

Comme nous l'avons fait au paragraphe précédent, nous allons voir que du fait des hypothèses (3), les fonctions $e'_n(t)$ prennent une part importante de leur masse sur un compact fixe.

<u>Lemme 2</u> : Il existe un nombre M_0 et un indice i_0 tels que, $\forall i \ge i_0$, on ait à la fois :

$$\begin{cases} \left(\int_{-M_0}^{M_0} \| e^{\xi_0 t} e'_i(t) \|^p_{A_o} dt \right)^{1/p} \ge (1-\eta)\delta' \\ \left(\int_{-M_0}^{M_0} \| e^{\xi_1 t} e'_i(t) \|^p_{A_1} dt \right)^{1/p} \ge (1-\eta)\delta' \end{cases}$$

La démonstration de ce lemme est complètement identique à celle du lemme 2 du paragraphe précédent, et nous l'omettrons.

Nous éliminons les i_0 premiers termes de la suite (e'_i) et renumérotons : le lemme 2 devient alors vrai avec $i_0 = 1$.

L'argument qui suit, dû à F. Lévy [18], permet de simplifier la démonstration donnée par l'auteur dans [7].

Pour α réel avec $0<\alpha\leq 2$, posons : $X_\alpha^0 = \{M\in\mathbb{R}^+$; il existe une sous-suite $e'_{n_k}(t)$ des $e'_i(t)$ qui vérifie

$$\int_{-M}^{+M} \|e^{\xi_0 t} e'_{n_k}(t)\|_{A_0}^p \, dt \geq \alpha \}$$

Il est clair que si $M\in X_\alpha^0$ et $M'>M$, alors $M'\in X_\alpha^0$; donc X_α^0 est un intervalle de la forme $[M_\alpha, +\infty[$, ou $]M_\alpha, +\infty]$. De plus, si $\alpha \leq ((1-\eta)\delta')^p$, X_α^0 contient le nombre M_0, d'après le lemme 2, et donc est non vide; par contre, il résulte de (2) que si $\alpha > 1+\eta$, X_α^0 est vide.

Si $\alpha_1 \leq \alpha_2$, il est clair que $X_{\alpha_1}^0 \supset X_{\alpha_2}^0$; le nombre $M_\alpha = \inf X_\alpha^0$ est donc fonction croissante de α, à valeurs finies ou infinies.

Soit $\varphi_0 = \sup\{\alpha ; X_\alpha \neq \emptyset\}$. On a $\varphi_0 \geq \delta'$, et

$$X_{\varphi_0(1+\eta)}^0 = \emptyset \ , \ X_{\varphi_0(1-\eta)}^0 \neq \emptyset \ .$$

On peut donc trouver un réel M_1 et une suite strictement croissante d'entiers n_k tels que, si η' est donné avec $\eta' \leq \frac{(\delta'/2)^p}{3\varphi_0}$,

$$\int_{-M_1}^{M_1} \|e^{\xi_0 t} e'_{n_k}(t)\|_{A_0}^p \, dt \geq \varphi_0(1-\eta')$$

et

$$\forall M, \exists k_1 \ , \ \forall k > k_1, \int_{-M}^{M} \|e^{\xi_0 t} e'_{n_k}(t)\|_{A_0}^p \, dt < \varphi_0(1+\eta')$$

On déduit de cette dernière condition que l'on peut trouver une suite strictement croissante de réels $(M_k)_{k\geq 1}$, tendant vers l'infini, et une sous-suite des e'_{n_k} , notée f_k , telles que

$$\int_{-M_k}^{M_k} \|e^{\xi_0 t} f_k(t)\|_{A_0}^p \, dt < \varphi_0(1+\eta')$$

$$\int_{|t|>M_{k+1}} \|e^{\xi_0 t} f_k(t)\|_{A_0}^p \, dt < \varphi_0 \eta'$$

avec $$\int_{-M_1}^{M_1} \|e^{\xi_0 t} f_k(t)\|_{A_0}^p \, dt > \varphi_0(1-\eta')$$

On refait la même construction dans A_1 sur la suite f_k. On obtient ainsi un nombre φ_1 , et, pour une sous - suite des M_k précédents, encore notée M_k, pour une sous - suite g_k des f_k précédents, pour un certain η'' , choisi assez petit :

$$\int_{-M_1}^{M_1} \|e^{\xi_0 t} g_k(t)\|_{A_0}^p \, dt > \varphi_0(1-\eta') \ , \ \int_{-M_1}^{M_1} \|e^{\xi_1 t} g_k(t)\|_{A_1}^p \, dt \geq \varphi_1(1-\eta'')$$

$$\int_{M_k}^{M_k} \|e^{\xi_0 t} g_k(t)\|_{A_0}^p \, dt < \varphi_0(1+\eta') \ , \ \int_{-M_k}^{M_k} \|e^{\xi_1 t} g_k(t)\|_{A_1}^p \, dt < \varphi_1(1+\eta''),$$

$$\int_{|t|>M_{k+1}} \|e^{\xi_0 t} g_k(t)\|_{A_0}^p \, dt < \varphi_0\eta' \ , \quad \int_{|t|>M_{k+1}} \|c^{\xi_1 t} g_k(t)\|_{A_1}^p \, dt < \varphi_1\eta'' \ .$$

Posons $y_k = \int_{-M_1}^{M_1} g_k(t)\, dt$; on vérifie immédiatement, comme on l'a fait au paragraphe précédent, que les points y_k appartiennent à A_0 et qu'il existe une constante C telle que $\forall k$:

$$\|y_k\|_{A_0} \leq C$$

Notons aussi $g_k = \int_{-\infty}^{+\infty} g_k(t)\, dt$: c'est un élément de la suite de départ $(e_n)_{n\in\mathbb{N}}$ puisque jusqu'ici nous n'avons fait qu'extraire des sous-suites. Posons $z_k(t) = g_k(t) - y_k(t)$, et décomposons z_k en :

$$z_k(t) = z_k'(t) + z_k''(t) \ , \qquad \text{avec}$$

$$z_k''(t) = z_k(t) \qquad \text{si } M_k \leq |t| < M_{k+1}$$

$$= 0 \qquad \text{sinon}$$

Les fonctions $z_k''(t)$ sont donc à supports disjoints. Pour les $z_k'(t)$, on a :

$$\int_{-\infty}^{+\infty} \|e^{\xi_0 t} z_k'(t)\|_{A_0}^p = \int_{M_1<|t|\leq M_k} \|e^{\xi_0 t} g_k(t)\|_{A_0}^p \, dt + \int_{|t|>M_{k+1}} \|e^{\xi_0 t} g_k(t)\|_{A_0}^p \, dt$$

$$\leq \varphi_0(1+\eta') - \varphi_0(1-\eta') + \varphi_0\eta' = 3\varphi_0\eta' .$$

On en déduit que pour tout j, si $j \leq n_1 < \ldots < n_{2^j}$, pour toute suite de scalaires $c_1, \ldots, c_{2^j}$:

$$\|e^{\xi_0 t}\sum_{\alpha=1}^{2^j} c_\alpha z_{n_\alpha}(t)\|_{L^p(A_0)} \leq \|e^{\xi_0 t}\sum_1^{2^j} c_\alpha z'_{n_\alpha}(t)\|_{L^p(A_0)} + \|e^{\xi_0 t}\sum_1^{2^j} c_\alpha z''_{n_\alpha}\|_{L^p(A_0)}$$

$$\leq (3\varphi_0\eta')^{1/p}\sum_1^{2^j}|c_\alpha| + (\Sigma|c_\alpha|^p)^{1/p}(1+\eta),$$

ou encore, compte tenu du choix de η' :

$$\|e^{\xi_0 t}\sum_1^{2^j} c_\alpha z_{n_\alpha}(t)\|_{L^p(A_0)} \leq \frac{\delta'}{2}\Sigma|c_\alpha| + (1+\eta)(\Sigma|c_\alpha|^p)^{1/p} .$$

De la même façon, on obtient :

$$\|e^{\xi_1 t}\sum_1^{2^j} c_\alpha z_{n_\alpha}(t)\|_{L^p(A_1)} \leq \frac{\delta'}{2}\Sigma|c_\alpha| + (1+\eta)(\Sigma|c_\alpha|^p)^{1/p}$$

D'où il résulte que, si $z_k = \int_{-\infty}^{+\infty} z_k(t)\,dt$, on a :

$$\|\Sigma c_\alpha z_{n_\alpha}\|_{(A_0, A_1)_{\theta,p}} \leq \frac{\delta'}{2}\ \Sigma|c_\alpha| + (1+\eta)(\Sigma|c_\alpha|^p)^{1/p}$$

et donc

$$\|\Sigma c_\alpha y_{n_\alpha}\|_A \geq \|\Sigma c_\alpha g_{n_\alpha}\|_A - \|\Sigma c_\alpha z_{n_\alpha}\|_A$$

$$\|\Sigma c_\alpha y_{n_\alpha}\|_A \geq \frac{\delta'}{2}\Sigma|c_\alpha| - (1-\eta)(\Sigma|c_\alpha|^p)^{1/p}$$

Nous avons vu que les points (y_k) étaient bornés dans A_0. Il en résulte que, en utilisant la formule d'interpolation :

$$\frac{\delta'}{2}\Sigma|c_\alpha| - (1-\eta)(\Sigma|c_\alpha|^p)^{1/p} \leq \|\Sigma c_\alpha y_{n_\alpha}\|_A \leq K(C\ \Sigma|c_\alpha|)^{1-\theta}\|\Sigma c_\alpha y_{n_\alpha}\|_{A_1}^{\theta}$$

et donc si $j \leq n_1 < \ldots < n_{2^j}$

$$\| \sum_{1}^{2^j} c_\alpha y_{n_\alpha} \|_{A_1} \geq K' \frac{\left[\frac{\delta'}{2} \Sigma |c_\alpha| - (1-\eta)(\Sigma |c_\alpha|^p)^{1/p}\right]^{1/\theta}}{[\Sigma |c_\alpha|]^{\frac{1-\theta}{\theta}}}$$

$$\geq K' \left[\frac{\delta'}{2} (\Sigma |c_\alpha|)^\theta - (1-\eta) \frac{(\Sigma |c_\alpha|^p)^{1/p}}{(\Sigma |c_\alpha|)^{1-\theta}} \right]^{1/\theta}$$

Il résulte de cette condition qu'aucune sous-suite de la suite (y_j) ne peut être de Banach-Saks. On a en effet, pour tout j :

$$\| \frac{1}{2^j} \sum_{1}^{2^j} y_{n_\alpha} - \frac{1}{2^{2j}} \sum_{1}^{2^{2j}} y_{n_\alpha} \|_{A_1} \geq \| \frac{1}{2^j} \sum_{2j}^{2^j} y_{n_\alpha} - \frac{1}{2^{2j}} \sum_{2j}^{2^{2j}} y_{n_\alpha} \|_{A_1} - \frac{2j}{2^j} - \frac{2j}{2^{2j}}$$

$$\geq \| \left(\frac{1}{2^j} - \frac{1}{2^{2j}} \right) \sum_{2j}^{2^j} y_{n_\alpha} - \frac{1}{2^{2j}} \sum_{2^j+1}^{2^{2j}} y_{n_\alpha} \| - 2j \left(\frac{1}{2^j} + \frac{1}{2^{2j}} \right)$$

et on vérifie facilement qu'avec ces coefficients, le terme $\Sigma |c_\alpha|$ tend vers 2 lorsque $j \to \infty$, alors que $(\Sigma |c_\alpha|^p)^{1/p} \to 0$; il en résulte que pour j assez grand

$$\| \frac{1}{2^j} \sum_{1}^{2^j} y_{n_\alpha} - \frac{1}{2^{2j}} \sum_{1}^{2^{2j}} y_{n_\alpha} \|_{A_1} \geq \frac{K' \delta'}{4} 2^\theta$$

et aucune sous-suite des (y_n) ne peut être de Banach-Saks dans A_1. Comme les (y_n) sont bornés dans A_0, ceci achève notre démonstration.

Le choix de la définition S pour l'espace d'interpolation n'est pas important, et le calcul peut être mené à bien, quoique d'une façon un peu différente, avec une définition discrète.

Comme on l'a fait au chapitre II, § 3, on peut déduire de ce résultat un théorème de factorisation :

Théorème 2 : Tout opérateur qui possède la propriété de Banach-Saks se factorise par un espace qui possède cette propriété.

Si $T : E \to F$ est cet opérateur, notons en effet A_o l'espace F muni de la jauge de $T(\mathcal{B}_E)$; T est continu de E dans A_o. Notons aussi A_1 l'espace F muni de de sa norme; l'injection $i : A_o \to A_1$ possède la propriété de Banach - Saks si et seulement si T la possède, et, si $u : A_o \to (A_o, A_1)_{1/2,2}$, $j : (A_o, A_1)_{1/2,2} \to A_1$ sont les injection canoniques, $T \circ u : E \to (A_o, A_1)_{1/2,2}$ et $j : (A_o, A_1)_{1/2,2} \to F$ donnent la factorisation souhaitée.

Mentionnons que nous ne connaissons pas la condition, dans le cadre général, pour que les espaces $(A_o, A_1)_{\theta,p}$ possèdent la propriété de Banach - Saks : que l'injection i possède cette propriété est évidemment nécessaire, mais nous ne savons pas si c'est suffisant. On peut démontrer que si $u : A_o \cap A_1 \to (A_o, A_1)_{\theta,p}$ possède la propriété de Banach - Saks, alors $(A_o, A_1)_{\theta,p}$ la possède aussi, en adaptant les méthodes précédentes, mais ce n'est évidemment pas une réponse satisfaisante.

Il existe une autre version, plus faible, de la propriété de Banach-Saks : nous dirons qu'un espace E possède la propriété de Banach - Saks - Rosenthal si de toute suite faiblement convergente vers 0 dans E on peut extraire une sous - suite de Banach - Saks. Cette propriété a été introduite par H.P. Rosenthal dans [26]. Il est clair que, pour des espaces réflexifs, elle équivaut à la propriété de Banach - Saks. On pourra se reporter à [9] pour l'étude de cette propriété. On dira de même qu'une injection $i : A_o \to A_1$ possède la propriété de Banach - Saks - Rosenthal si, de toute suite faiblement convergente vers 0 dans A_o, on peut extraire une sous - suite dont l'image est de Banach - Saks dans A_1. Les techniques que nous avons développées dans ce paragraphe permettent d'obtenir un théorème de factorisation pour la propriété de Banach - Saks - Rosenthal; il est toutefois nettement moins satisfaisant que celui obtenu par la propriété de Banach - Saks usuelle.

<u>Théorème 3</u> : Si A_o ne contient pas ℓ^1 et si l'injection i, de A_o dans A_1, possède la propriété de Banach - Saks - Rosenthal, elle se factorise par un espace qui possède cette même propriété.

<u>Démonstration</u> : Elle suit la même ligne que précédemment : si $(A_o, A_1)_{1/2,2}$ ne possède pas la propriété de Banach - Saks - Rosenthal, on peut y trouver une suite de points possédant la propriété . On en déduit l'existence d'une suite (y_j), bornée dans A_o, possédant la propriété dans A_1. Si A_o ne contient pas ℓ^1, une sous - suite des (y_j) est de Cauchy faible, d'après H.P. Rosenthal [25] : les limites $\lim_{j\to\infty} \xi(y'_j)$ existent pour tout $y \in A'_o$. Si l'on prend les diffé-

rences consécutives $y'_{2j+1} - y'_{2j}$, on obtient une suite tendant faiblement vers 0, dans A_o, qui vérifie encore, dans A_1 des estimations du genre (1) Il en résulte, comme précédemment, que l'injection ne possède pas la propriété de Banach - Saks - Rosenthal. On pourra consulter [9] pour une démonstration détaillée.

Il paraît nécessaire, dans cet énoncé, de supposer que i est une injection. Il n'est pas exact en effet (à la différence de la propriété de Banach - Saks) que $T : E \to F$ possède B.S.R. si et seulement si $\widetilde{T} : E/\ker T \to F$ la possède : l'exemple de l'opérateur quotient de ℓ^1 dans un espace séparable qui ne possède pas B.S.R. le montre bien (ℓ^1 a la propriété B.S.R. puisque toute suite faiblement convergente y est convergente en norme).

Une autre extension possible, qui est plus facile, de ces théorèmes de factorisation est obtenue en "remplaçant" A_o et A_1 par des opérateurs. On démontre en effet, en adaptant les méthodes du § 1 et celles du chapitre II, § 3, les résultats qui suivent :

§ 3 Quelques extensions

Soient maintenant A_o, A_1, B_o, B_1 deux couples d'espaces de Banach; on suppose qu'il existe une injection continue i de A_o dans A_1, et une injection continue i' de B_o dans B_1 : en d'autres termes, A_o, B_o sont des sous - espaces, algébriquement, de A_1 et B_1 respectivement, munis de normes plus fines. Soit T un opérateur linéaire continu de A_1 dans B_1 que l'on suppose également continu de A_o dans B_o; on sait alors, d'après le chapitre I, § 2, que T est aussi continu de $(A_o, A_1)_{\theta,p}$ dans $(B_o, B_1)_{\theta,p}$. On s'intéresse aux propriétés de T de $(A_o, A_1)_{\theta,p}$ dans $(B_o, B_1)_{\theta,p}$.

<u>Théorème 1</u> : T est faiblement compact de $(A_o, A_1)_{\theta,p}$ dans $(B_o, B_1)_{\theta,p}$ $(0 < \theta < 1$, $1 < p < \infty)$ si et seulement si $T \circ i$ $(= i' \circ T)$, de A_o dans B_1 est faiblement compact.

On retrouve naturellement la proposition II. 3. 1 si $A_o = B_o$, $A_1 = B_1$, et $T = id$.

Les théorèmes 2 et 3 ont été établis par F. Lévy dans [18].

<u>Théorème 2</u> : $(A_o, A_1)_{\theta,p}$ et $(B_o, B_1)_{\theta,p}$ contiennent des ℓ^1 liés par T si et seulement si A_o et B_1 contiennent des ℓ^1 liés par $T \circ i$ (ou $i' \circ T$) (en d'autres termes, T est un isomorphisme sur un sous-espace de $(A_o, A_1)_{\theta,p}$

isomorphe à ℓ^1 si et seulement si il en est de même de $T \circ i$).

Théorème 3 : L'opérateur T possède la propriété de Banach - Saks de $(A_o, A_1)_{\theta,p}$ dans $(B_o, B_1)_{\theta,p}$ $(0 < \theta < 1,\ 1 < p < \infty)$ si et seulement si l'opérateur $T \circ i$ la possède (de A_o dans B_1).

Là encore, on retrouve le théorème du § 2 lorsque $A_o = B_o$, $A_1 = B_1$, $T = id$.

Par ailleurs, d'autres applications des méthodes précédentes sont possibles, soit dans le cadre général, soit lorsque $A_o \hookrightarrow A_1$, soit pour des opérateurs, pour l'étude d'autres proprétés qui se présentent sous une forme similaire à celles que nous avons étudiées jusqu'ici: c'est le cas,par exemple pour d'autres définitions possibles de la propriété de Banach - Saks; on pourra, à ce sujet, consulter [9].

CHAPITRE IV

DUALITE ET REITERATION DU PROCEDE D'INTERPOLATION

Dans ce chapitre, nous reprendrons les résultats établis par Lions-Peetre [19] concernant la dualité et la réitération du procédé d'Interpolation. Pour le premier point, il nous sera utile d'établir une dualité exacte, c'est à dire de montrer que, dans certaines conditions, le dual de $(A_o, A_1)_{\theta,p}$ (avec un choix convenable de la norme) est isométrique à l'interpolé $(A'_o, A'_1)_{\theta,q}$ $(\frac{1}{p}+\frac{1}{q}=1)$; dans [19], il est seulement établi que ces espaces sont isomorphes. Cette précision supplémentaire est rendue nécessaire par le fait que nous avons en vue l'étude de certaines propriétés métriques des espaces d'interpolation: ces propriétés ne sont pas invariantes par isomorphisme. Pour la réitération, il n'y aura pas de changement par rapport à [19]; il nous semble néanmoins utile de faire figurer les démonstrations, car les théorèmes de réitération jouent un rôle essentiel parmi les diverses propriétés du procédé d'interpolation.

§ 1 Dualité des espaces d'Interpolation

Nous avons été amenés à introduire de nombreuses définitions - équivalentes - des espaces d'Interpolation. Si on veut établir un théorème de dualité, le choix des définitions n'est pas indifférent : certaines pourront donner une dualité exacte, tandis que pour d'autres ce ne sera qu'à une équivalence de normes près. Notre but, dans ce paragraphe, est d'établir une formule de dualité exacte, faisant intervenir la norme S, et permettant de conserver, à la fois dans l'espace et dans son dual, le bénéfice des formules d'interpolation (prop. I. 2. 1 et corollaire). Cela ne sera possible qu'au prix de certaines hypothèses sur les espaces A_o et A_1.

Avant toute chose, une constation s'impose : nous avons vu au chapitre II, § 1, que les espaces d'interpolation entre A_o et A_1 étaient en fait des espaces d'interpolation entre $\underline{A_o}$ et $\underline{A_1}$, adhérences de $A_o \cap A_1$ dans A_o et A_1 respectivement. Si donc F_o et F_1 sont deux sous-espaces de A_o et A_1 , contenant $\underline{A_o}$ et $\underline{A_1}$ respectivement, on aura $(A_o, A_1)_{\theta,p} = (F_o, F_1)_{\theta,p}$, mais les duaux de F_o et $\underline{A_o}$ ne coïncident pas, non plus que les duaux de F_1 et $\underline{A_1}$, et donc $(F'_o, F'_1)_{\theta,q}$ et $(\underline{A'_o}, \underline{A'_1})_{\theta,q}$ ne coïncident pas non plus. Une comparaison entre $((F_o, F_1)_{\theta,p})'$ et $(F'_o, F'_1)_{\theta,q}$ n'est donc possible que pour le couple (F_o, F_1) "minimal", c'est à dire pour $\underline{A_o}$, $\underline{A_1}$. Ceci revient à supposer $\mathcal{J}$ dense dans A_o et dans A_1 : c'est la raison de cette hypothèse, faite par Lions Peetre dans [19], et que nous ferons aussi dans la suite de ce paragraphe.

Les duaux de A_o et A_1 s'identifient alors à des sous-espaces de $(A_o \cap A_1)'$, et on peut , comme on l'a fait au chapitre I, définir les espaces $(A'_o, A'_1)_{\theta,p}$. L'espace $[(A_o, A_1)_{\theta,p}]'$ est aussi, algébriquement, un sous-espace de $\mathcal{J}'$.

Pour obtenir des formules de dualité exactes, nous devrons introduire une nouvelle norme sur l'espace d'interpolation; elle sera équivalente aux précédentes.

Considérons, sur $(A_o, A_1)_{\theta,p}$, la norme :

$$\|a\|_{S_2} = \inf\left\{ \max\left(\|e^{\xi_o t} u(t)\|_{L^p(A_o)} , \|e^{\xi_1 t} v(t)\|_{L^p(A_1)}\right); (1-\theta)\, u(t) + \theta\, v(t) = a \text{ p.p.}\right\}$$

alors :

- cette norme est équivalente aux précédentes,
- on a une formule d'interpolation :

$$\|a\|_{S_2} = \inf\left\{ \|e^{\xi_o t} u(t)\|^{1-\theta}_{L^p(A_o)} \cdot \|e^{\xi_1 t} v(t)\|^{\theta}_{L^p(A_1)} ; (1-\theta)\, u(t) + \theta\, v(t) = a \text{ p.p.}\right\}$$

La démonstration de ces deux points est analogue à celles faites au chapitre I, et elle est laissée au lecteur.

Remarquons au passage qu'il n'est pas possible d'obtenir une formule analogue à celle du corollaire de la proposition I. 2. 1 : si l'on pouvait écrire

$$\|a\|_{S_2} \leq C \; \|u\|_{A_o}^{1-\theta} \cdot \|v\|_{A_1}^{\theta} \qquad \text{pour } u \in A_o,\; v \in A_1 \;,\; u+v=a \;,$$

on en déduirait $\|a\|_{S_2} \leq C \; \|a\|_{\mathcal{S}}$, et $(A_o, A_1)_{\theta,p}$ serait isomorphe à $\mathcal{S}$, ce qui n'est pas le cas en général.

Nous allons maintenant pouvoir énoncer la forme précise du théorème de dualité que nous avons en vue. Les hypothèses faites sur A_o et A_1 utilisent la propriété de Radon - Nikodym. Nous renvoyons par exemple à l'exposé de L. Schwartz [27] pour les détails concernant cette propriété. Rappelons simplement (et cela nous suffira par la suite) que, si E est un espace de Banach, E' a la propriété de Radon - Nikodym lorsque E est réflexif, ou lorsque E' est séparable.

Proposition 1 (Théorème de dualité)

Si $1 \leq p < \infty$, $0 < \theta < 1$, et si les duaux A'_o et A'_1 ont la propriété de Radon - Nikodym, les espaces

$$[S_2(p;\, \xi_o,\, A_o;\, \xi_1,\, A_1)]' \qquad \text{et} \qquad S(q;\, -\xi_o,\, A'_o;\, -\xi_1,\, A'_1)$$

(où q est tel que $\frac{1}{p} + \frac{1}{q} = 1$) coïncident algébriquement, et leurs normes sont égales.

Démonstration de la proposition : Nous allons commencer par donner aux normes S et S_2 des formes différentes.

Lemme 1 : Sur $(A_o, A_1)_{\theta,p}$, la norme S est égale à la norme S_3, définie par :

$$\|a\|_{S_3} = \inf\{[(1-\theta)\; \|e^{\xi_o t}\, a(t)\|^p_{L^p(A_o)} + \theta\; \|e^{\xi_1 t}\, a(t)\|^p_{L^p(A_1)}]^{1/p} \;;\; \int_{-\infty}^{+\infty} a(t)\, dt = a\}$$

et la norme S_2 est égale à la norme S_4, définie par :

$$\|a\|_{S_4} = \inf\left\{[(1-\theta)\; \|e^{\xi_o t}\, u(t)\|^p_{L^p(A_o)} + \theta\; \|e^{\xi_1 t}\, v(t)\|^p_{L^p(A_1)}]^{1/p},\, (1-\theta)\, u(t) + u(t) = a \text{ p.p.}\right\}$$

Démonstration du lemme 1 : Il est clair que $\|\cdot\|_{S_3} \leq \|\cdot\|_S$. Mais d'après la formule d'interpolation (chap. I, § 2), il suffit, pour montrer l'inégalité inverse, de vérifier que

$$\left[(1-\theta)\ \|e^{\xi_0 t} a(t)\|^p_{L^p(A_0)} + \theta\ \|e^{\xi_1 t} a(t)\|^p_{L^p(A_1)}\right]^{1/p} \geq \|e^{\xi_0 t} a(t)\|^{1-\theta}_{L^p(A_0)} \cdot \|e^{\xi_1 t} a(t)\|^{\theta}_{L^p(A_1)}$$

ce qui résulte du fait que pour deux réels positifs quelconques

$$(1-\theta)\ \alpha + \theta\beta \geq \alpha^{1-\theta} \cdot \beta^{\theta} ,$$

inégalité que l'on vérifie aisément. La démonstration du second point est identique.

Revenons à la démonstration de la proposition 1; notons A l'espace $S_4(p;\ \xi_0,\ A_0;\ \xi_1,\ A_1)$ et B l'espace $S_3(q;\ -\xi_0,\ A'_0;\ -\xi_1, A'_1)$. Compte tenu du lemme 1, il suffit clairement d'établir l'égalité de A' et B.

a) Soit L une forme linéaire continue sur A. Sur l'ensemble des couples u, v, de fonctions avec :

$$(1)\qquad \begin{cases} e^{\xi_0 t} u(t) \in L^p(A_0), \quad e^{\xi_1 t} v(t) \in L^p(A_1) \\ (1-\theta)\,u(t) + \theta v(t) \text{ constant p.p.} \quad (\text{on pose } (1-\theta)\,u(t) + \theta v(t) = a \text{ p.p.}), \end{cases}$$

L détermine une forme linéaire Λ par

$$\Lambda(u,v) = L(a) , \qquad \text{et on a :}$$

$$|\Lambda(u,v)| = |L(a)| \leq \|L\| \cdot \|a\|_{S_4} , \quad \text{et donc :}$$

$$(2)\qquad |\Lambda(u,v)| \leq \|L\|\ \left[(1-\theta)\ \|e^{\xi_0 t} u(t)\|^p_{L^p(A_0)} + \theta\ \|e^{\xi_1 t} v(t)\|^p_{L^p(A_1)}\right]^{1/p}$$

Nous allons maintenant déterminer quel est le dual de l'ensemble des couples u, v satisfaisant (1), normé par la formule du second membre de (2)

<u>Lemme 2</u> : Si A'_0 et A'_1 ont la propriété de Radon - Nikodym, le dual de l'ensemble des couples (u, v) satisfaisant $e^{\xi_0 t} u(t) \in L^p(A_0)$, $e^{\xi_1 t} v(t) \in L^p(A_1)$, normé par la formule

$$(3)\qquad \|(u,v)\| = \left((1-\theta)\ \|e^{\xi_0 t} u(t)\|^p_{L^p(A_0)} + \theta\ \|e^{\xi_1 t} v(t)\|^p_{L^p(A_1)}\right)^{1/p}$$

est l'ensemble des couples u', v', satisfaisant :

$$(4) \qquad e^{-\xi_0 t} u'(t) \in L^q(A'_0) \ , \ e^{-\xi_1 t} v'(t) \in L^q(A'_1),$$

normé par la formule

$$(5) \qquad \|(u',v')\| = ((1-\theta) \|e^{-\xi_0 t} u'(t)\|^q_{L^q(A'_0)} + \theta \|e^{-\xi_1 t} v'(t)\|^q_{L^q(A'_1)})^{1/q}$$

et l'application de dualité est donnée par la formule :

$$<(u,v), (u',v')> = (1-\theta) \int_{-\infty}^{+\infty} <u(t), u'(t)>_{(A_0, A'_0)} dt + \theta \int_{-\infty}^{+\infty} <v(t), v'(t)>_{(A_1, A'_1)} dt$$

Démonstration du lemme 2

Le lemme se déduit immédiatement des deux résultats suivants :

- Si E est un espace de Banach dont le dual a la propriété de Radon-Nikodym, le dual de $L^p(E)$ est $L^q(E')$; il en résulte que les duaux de $L^p(A_0)$, $L^p(A_1)$, munis respectivement des poids $e^{\xi_0 t}$ et $e^{\xi_1 t}$, sont $L^q(A'_0)$ et $L^q(A'_1)$, munis respectivement des poids $e^{-\xi_0 t}$ et $e^{-\xi_1 t}$, et les applications de dualité sont $\int_{-\infty}^{+\infty} <u(t), u'(t)>_{(A_0, A'_0)} dt$, $\int_{-\infty}^{+\infty} <v(t), v'(t)>_{(A_1, A'_1)} dt$.

- Si F_1 et F_2 sont deux espaces de Banach et si l'on munit le produit cartésien $F_1 \times F_2$ de la norme :

$$\|(a,b)\| = ((1-\theta) \|a\|^p_{F_1} + \theta \|b\|^p_{F_2})^{1/p}$$

le dual de $F_1 \times F_2$ est $F'_1 \times F'_2$, muni de la norme

$$\|(a',b')\| = ((1-\theta) \|a'\|^q_{F'_1} + \theta \|b'\|^q_{F'_2})^{1/q} ,$$

et l'application de la dualité est

$$<(a,b), (a',b')> = (1-\theta) < a, a' >_{F_1, F'_1} + \theta < b, b' >_{F_2, F'_2} ,$$

Le premier point est établi dans l'exposé de L. Schwartz [27], le second est de démonstration immédiate.

Revenons à la démonstration de la proposition. Λ est donc une forme linéaire continue sur l'ensemble des couples satisfaisant (1), normé par (3), et de norme au plus égale à $\|L\|$. On peut donc, d'après le lemme 2, trouver u' et v' satisfaisant (4), avec :

$$(6) \qquad \Lambda(u,v) = (1-\theta)\int_{-\infty}^{+\infty} \langle u(t),\, u'(t)\rangle_{(A_0, A_0')}\, dt + \theta \int_{-\infty}^{+\infty} \langle v(t),\, v'(t)\rangle_{(A_1, A_1')}\, dt$$

et

$$(7) \qquad \left((1-\theta)\, \|e^{-\xi_0 t} u'(t)\|^q_{L^q(A_0')} + \theta \|e^{-\xi_1 t} v'(t)\|^q_{L^q(A_1')}\right)^{1/q} \leq \|L\|$$

Montrons que u'(t) et v'(t) sont égaux presque partout. Soit K un sous-ensemble mesurable de $\mathbb{R}$, et soit $\alpha \in \mathfrak{J}$. Choisissons

$u(t) = \frac{\alpha}{1-\theta}$ sur A, 0 ailleurs, $v(t) = \frac{-\alpha}{\theta}$ sur A, 0 ailleurs, si bien que $(1-\theta)\, u(t) + \theta\, v(t) = 0 \;\; \forall t$. On a donc $\Lambda(u,v) = L(0) = 0$, et donc

$$(1-\theta)\int_K \langle \frac{\alpha}{1-\theta},\, u'(t)\rangle - \theta \int_K \langle \frac{\alpha}{\theta},\, v'(t)\rangle\, dt = 0$$

Ce qui implique $\langle \alpha,\, u'(t) - v'(t)\rangle_{(\mathfrak{J}, \mathfrak{J}')} = 0$ pp, $\forall \alpha \in \mathfrak{J}$, et donc $u'(t) = v'(t)$ p.p.

Posons $b = \int_{-\infty}^{+\infty} u'(t)\, dt$ (intégrale convergente dans $\mathfrak{J}'$), alors

$$(8) \qquad L(a) = \langle a, b\rangle_{(S_4, S_4')} \quad , \text{ avec}$$

$$(9) \qquad \|b\|_{S_3} \leq \|L\| \;.$$

Nous avons donc montré que toute forme linéaire continue sur S_4 pouvait se mettre sous la forme (8), avec $b \in S_3(q;\, -\xi_0,\, A_0';\, -\xi_1,\, A_1')$.

Inversement, soit $b \in S_3(q;\, -\xi_0, A_0';\, -\xi_1, A_1')$, il détermine une forme linéaire sur $S_4(p;\, \xi_0, A_0;\, \xi_1, A_1)$ par la formule :

$$L(a) = \langle a, b\rangle = (1-\theta)\int \langle u(t),\, b(t)\rangle_{(A_0, A_0')}\, dt + \theta \int \langle v(t),\, b(t)\rangle_{(A_1, A_1')}\, dt$$

$$\text{si} \quad a = (1-\theta)\, u(t) + \theta\, v(t) \quad \text{pp},$$

$$\text{et} \quad b = \int_{-\infty}^{+\infty} b(t)\, dt \ ,$$

et on a :

$|\langle a,b\rangle| \leq$

$$\leq (1-\theta)\, \|e^{\xi_0 t} u(t)\|_{L^p(A_o)} \cdot \|e^{-\xi_0 t} b(t)\|_{L^q(A'_o)} +$$

$$+ \theta\, \|e^{\xi_1 t} v(t)\|_{L^p(A_1)} \cdot \|e^{-\xi_1 t} b(t)\|_{L^q(A'_1)}$$

$$\leq \left[(1-\theta)\, \|e^{\xi_0 t} u(t)\|^p_{L^p(A_o)} + \theta\, \|e^{\xi_1 t} v(t)\|^p_{L^p(A_1)} \right]^{1/p} .$$

$$\left[(1-\theta)\, \|e^{-\xi_0 t} b(t)\|^q_{L^q(A'_o)} + \theta\, \|e^{-\xi_1 t} b(t)\|^q_{L^q(A'_1)} \right]^{1/q}$$

et donc

$$|\langle a,b\rangle| \leq \|a\|_{S_4} \cdot \|b\|_{S_3}$$

et par conséquent

$$\|L\| \leq \|b\|_{S_3(q;\ -\xi_o,\ A'_o;\ -\xi_1,\ A'_1)}$$

ce qui achève la démonstration de notre proposition.

Si l'on introduit les analogues discrets des normes S_3 et S_4, on obtient, par un calcul complètement identique, une dualité exacte entre ces normes. En outre, il n'est plus nécessaire de faire des hypothèses sur A'_o et A'_1, car le dual $\ell^p(E)$ est toujours $\ell^q(E')$ $(1 \leq p < \infty,\ \frac{1}{p} + \frac{1}{q} = 1)$. Ces normes ne coïncident plus avec s_1 ou s_2, et on n'a plus pour elles de formules d'interpolation. Néanmoins, on obtient ainsi, sans hypothèse sur A_o ou A_1 (autre que, comme nous l'avons dit, $A_o \cap A_1$ dense dans A_o et dans A_1) :

Proposition 2

Le dual de $(A_o, A_1)_{\theta,p}$ $(0<\theta<1,\ 1\leq p<\infty)$ est isomorphe à $(A'_o, A'_1)_{\theta,q}$ $(\frac{1}{p}+\frac{1}{q}=1)$.

Nous allons maintenant étudier la réitération du procédé d'interpolation.

§ 2 Réitération

Supposons que, par application du procédé d'interpolation, nous ayons construit, entre deux espaces A_o et A_1, les espaces $X_o = (A_o, A_1)_{\theta_o,p_o}$ et $X_1 = (A_o, A_1)_{\theta_1,p_1}$. On peut se demander ce que l'on trouvera si l'on recommence en prenant cette fois X_o et X_1 pour espaces de base : obtiendra - t - on encore un espace d'interpolation entre A_o et A_1 ?

Remarquons que X_o et X_1 sont, algébriquement, des sous-espaces de $\mathcal{S}$; il est donc licite, comme on l'a fait au chapitre I, de considérer les espaces $(X_o, X_1)_{\sigma,p}$, qui sont bien définis.

Pour fixer les idées, nous supposerons $\theta_o<\theta_1$.

Proposition 1

Pour tout p, $1\leq p\leq\infty$, et tout σ, $0<\sigma<1$, l'espace $(X_o, X_1)_{\sigma,p}$ coïncide algébriquement avec l'espace $(A_o, A_1)_{\theta,p}$ où θ est donné par la formule :

(1) $$\theta = \theta_o + \sigma(\theta_1 - \theta_o) \quad ,$$

et les normes de ces deux espaces sont équivalentes.

a) Choisissons ξ_o, ξ_1 avec $\frac{\xi_o}{\xi_o-\xi_1} = \theta$, η_o, η_1, avec $\frac{\eta_o}{\eta_o-\eta_1} = \sigma$, liés par les formules :

(2) $$\begin{cases} \eta_o = (1-\theta_o)\,\xi_o + \theta_o\,\xi_1 \\ \eta_1 = (1-\theta_1)\,\xi_o + \theta_1\,\xi_1 \end{cases} \quad ;$$

c'est possible au vu de la formule (1).

Soit maintenant $x \in s_2(p; \eta_0, X_0; \eta_1, X_1)$. Par définition, on peut décomposer x en :

$$x = x_0(m) + x_1(m) \qquad , \quad \forall m \in \mathbb{Z}, \quad \text{avec}$$

$$\left(\sum_{m \in \mathbb{Z}} \| e^{\eta_0 m} x_0(m) \|_{X_0}^p \right)^{1/p} \leq 2 \, \|x\|_{(X_0, X_1)_{\sigma, p}}$$

et

$$\left(\sum_{m \in \mathbb{Z}} \| e^{\eta_1 m} x_1(m) \|_{X_1}^p \right)^{1/p} \leq 2 \, \|x\|_{(X_0, X_1)_{\sigma, p}}$$

Pour chaque m, $x_0(m) \in X_0$, et donc, pour chaque $n_0 \in \mathbb{Z}$, on peut décomposer

$$x_0(m) = u_0(m, n_0) + u_1(m, n_0)$$

avec $u_0(m, n_0) \in A_0$, $u_1(m, n_0) \in A_1$

et

$$\left(\sum_{n_0 \in \mathbb{Z}} \| e^{-\theta_0 n_0} u_0(m, n_0) \|_{A_0}^{p_0} \right)^{1/p_0} \leq 2 \, \|x_0(m)\|_{X_0}$$

$$\left(\sum_{n_0 \in \mathbb{Z}} \| e^{(1-\theta_0) n_0} u_1(m, n_0) \|_{A_1}^{p_0} \right)^{1/p_0} \leq 2 \, \|x_0(m)\|_{X_0}$$

et donc a fortiori, $\forall n_0 \in \mathbb{Z}$:

$$\begin{cases} \| u_0(m, n_0) \|_{A_0} \leq 2 \, e^{\theta_0 n_0} \, \|x_0(m)\|_{X_0} \\[2mm] \| u_1(m, n_0) \|_{A_1} \leq 2 \, e^{-(1-\theta_0) n_0} \, \|x_0(m)\|_{X_0} \end{cases}$$

De la même façon, on peut, $\forall n_1 \in \mathbb{Z}$, décomposer $x_1(m)$ en $v_0(m, n_1) + v_1(m, n_1)$, avec :

$$\|v_o(m,\ n_1)\|_{A_o} \leq 2\,e^{\theta_1 n_1}\ \|x_1(m)\|_{X_1}$$

$$\|v_1(m,\ n_1)\|_{A_1} \leq 2\,e^{-(1-\theta_1)n_1}\ \|x_1(m)\|_{X_1}$$

Pour chaque m, choisissons n_o et n_1 de façon que l'on ait

$$\begin{cases} \xi_o m + \theta_o n_o \leq \eta_o m \\ \xi_o m + \theta_1 n_1 \leq \eta_1 m \end{cases}$$

et

$$\begin{cases} \xi_1 m - (1-\theta_o)n_o \leq \eta_o m \\ \xi_1 m - (1-\theta_1)n_1 \leq \eta_1 m \end{cases}$$

Un tel choix est possible au vu des relations (2).

On aura alors

$$\begin{cases} \|(e^{\xi_o m}\ u_o(m,\ n_o))\|_{\ell^p(A_o)} \leq 4\ \|x\|_{(X_o,X_1)_{\sigma,p}} \\ \|(e^{\xi_o m}\ v_o(m,\ n_1))\|_{\ell^p(A_o)} \leq 4\ \|x\|_{(X_o,X_1)_{\sigma,p}} \end{cases}$$

et

$$\begin{cases} \|(e^{\xi_1 m}\ u_1(m,\ n_o))\|_{\ell^p(A_1)} \leq 4\ \|x\|_{(X_o,X_1)_{\sigma,p}} \\ \|(e^{\xi_1 m}\ v_1(m,\ n_1))\|_{\ell^p(A_1)} \leq 4\ \|x\|_{(X_o,X_1)_{\sigma,p}} \end{cases}$$

Si donc on pose $\quad w_o(m) = u_o(m,\ n_o) + v_o(m,\ n_1),$

$\quad w_1(m) = u_1(m,\ n_o) + v_1(m,\ n_1)\ ,$

On a bien $\quad x = w_o(m) + w_1(m) \quad \forall m$, et $x \in (A_o,\ A_1)_{\theta,p}$, avec

$$\|x\|_{(A_o,A_1)_{\theta,p}} \leq 4\ \|x\|_{(X_o,X_1)_{\sigma,p}}$$

b) Soit maintenant $x \in s_1(p;\ \xi_0,\ A_0;\ \xi_1,\ A_1)$. Par définition on peut trouver $(x(m))_{m\in\mathbb{Z}}$, avec

$$\sum_{m\in\mathbb{Z}} x(m) = x, \qquad \|(e^{\xi_0 m} x(m))\|_{\ell^p(A_0)} \leq 2\,\|x\|_{(A_0,\ A_1)_{\theta,p}} ,$$

$$\text{et} \qquad \|(e^{\xi_1 m} x(m))\|_{\ell^p(A_1)} \leq 2\,\|x\|_{(A_0,\ A_1)_{\theta,p}} .$$

On sait que $x(m) \in \mathfrak{J}$ $\forall m$; d'après la proposition I. 2. 1. (corollaire), on peut écrire, pour une certaine constante C :

$$\begin{cases} \|x(m)\|_{X} \leq C\ \|x(m)\|_{A_0}^{1-\theta_0} .\ \|x(m)\|_{A_1}^{\theta_0} \\ \|x(m)\|_{X_1} \leq C\ \|x(m)\|_{A_0}^{1-\theta_1} .\ \|x(m)\|_{A_1}^{\theta_1} \end{cases}$$

et donc, compte tenu des relations (2) :

$$\begin{cases} \|e^{\eta_0 m} x(m)\|_{X_0} \leq C\ \|e^{\xi_0 m} x(m)\|_{A_0}^{1-\theta_0} .\ \|e^{\xi_1 m} x(m)\|_{A_1}^{\theta_0} \\ \|e^{\eta_1 m} x(m)\|_{X_1} \leq C\ \|e^{\xi_0 m} x(m)\|_{A_0}^{1-\theta_1} .\ \|e^{\xi_1 m} x(m)\|_{A_1}^{\theta_1} \end{cases}$$

d'où l'on déduit, appliquant l'inégalité de Holder :

$$\|(e^{\eta_0 m} x(m))\|_{\ell^p(X_0)} \leq 2C ,$$

$$\|(e^{\eta_1 m} x(m))\|_{\ell^p(X_1)} \leq 2C ,$$

ce qui prouve que $x \in s_1(p;\ \eta_0,\ X_0;\ \eta_1,\ X_1)$ avec

$$\|x\|_{(X_0,X_1)_{\sigma,p}} \leq 2\ \|x\|_{(A_0,A_1)_{\theta,p}}$$

et achève la démonstration de notre proposition.

CHAPITRE V

SUPER - PROPRIETES ET PROPRIETES METRIQUES DES ESPACES D'INTERPOLATION

Au chapitre III, nous avons examiné à quelles conditions les espaces d'Interpolation possédaient certaines propriétés. Nous nous sommes intéressés à la réflexivité, à la présence de sous - espaces isomorphes à ℓ^1, et à la propriété de Banach - Saks. Nous allons maintenant considérer d'autres propriétés, dont l'usage est courant dans l'étude de la géométrie des Espaces de Banach, et qui sont étroitement reliées à celles que nous venons de mentionner : ce sont les super - propriétes qui y sont associées.

§ 1 Super - propriétés

Soient E et F deux espaces de Banach, on dit que F est finiment représentable dans E si, pour tout $\varepsilon > 0$ et tout sous - espace F^o de dimension finie de F, on peut trouver un sous - espace E^o de dimension finie de E et un isomorphisme T, de F^o sur E^o, avec $\|T\| \cdot \|T^{-1}\| \leq 1 + \varepsilon$.

Si $(\mathcal{P})$ est une propriété que peuvent posséder des espaces de Banach, on dit qu'un espace E possède la propriété "super$(\mathcal{P})$" si tout espace F finiment représentable dans E possède la propriété $(\mathcal{P})$. En particulier, E lui - même possède alors la propriété $(\mathcal{P})$.

Nous allons donc nous intéresser maintenant aux super - propriétés associées aux trois questions considérées au chapitre III. Malheureusement, les réponses ne seront pas aussi satisfaisantes que celles obtenues alors : nous avions obtenu des conditions nécessaires et suffisantes portant sur l'injection i, de $A_0 \cap A_1$ dans $A_0 + A_1$, alors qu'ici les seules conditions suffisantes que nous pourrons établir porteront sur l'un des deux espaces, A_0 ou A_1. Des hypothèses faites sur l'injection i (dans le cas $A_0 \hookrightarrow A_1$) donnent des conditions nécessaires qui ne sont pas dépourvues d'intérêt; nous les étudierons dans un second paragraphe.

Les théorèmes de ce chapitre sont dus à l'auteur([3], [5], [6] pour le § 1 ; [3], [5] pour le § 2).

1) Super - réflexivité, uniforme convexité, uniforme lissité.

Comme nous l'avons déjà dit, un espace de Banach est super - réflexif si tout espace qui y est finiment représentable est réflexif. D'après un théorème dû à P. Enflo [14] et R.C. James [17], un espace est super - réflexif si et seulement si il peut être muni d'une nouvelle norme, équivalente à la norme d'origine, et pour laquelle il est uniformément convexe.

(Rappelons qu'un espace de Banach est uniformément convexe si $\forall \varepsilon > 0$, $\exists \delta > 0$, $\forall x, y \in E$, les conditions

$$\|x\| \leq 1, \ \|y\| \leq 1, \ \|x - y\| \geq \varepsilon$$

impliquent

$$\left\|\frac{x+y}{2}\right\| \leq 1 - \delta \ )$$

Eu égard au résultat de P. Enflo - R.C. James, il sera commode de faire découler les résultats concernant la super - réflexivité des espaces d'Interpolation de résultats concernant leur uniforme convexité. Les propositions qui suivent sont données dans le cadre général développé au chapitre I, § 1.

Proposition 1

Si A_0 ou A_1 est uniformément convexe, les espaces $S(p;\ \xi_0,\ A_0;\ \xi_1,\ A_1)$ et $S_2(p;\ \xi_0,\ A_0;\ \xi_1,\ A_1)$ sont uniformément convexes lorsque $1 < p < \infty$.

Démonstration de la proposition 1

Nous devrons utiliser les deux lemmes suivants, qui ont trait à l'uniforme convexité, et dont on pourra, par exemple, trouver la démonstration dans [10] :

Lemme 1 : Si E est uniformément convexe, l'espace $L^p(E)$ $(1 < p < \infty)$ l'est aussi.

Lemme 2 : (forme homogène de l'uniforme convexité) : Si G est uniformément convexe, on peut, pour tout p avec $1 < p < \infty$, trouver une fonction $\delta_p(\varepsilon)$, $\delta_p(\varepsilon) > 0$ si $\varepsilon > 0$, telle que, $\forall x, y \in G$, si

$$\|x\| \leq 1, \ \|y\| \leq 1, \ \ \|x - y\| \geq \varepsilon,$$

on a

$$\left\|\frac{x+y}{2}\right\|^p \leq \frac{1}{2}(1-\delta_p(\varepsilon))\ (\|x\|^p + \|y\|^p)$$

Si E est uniformément convexe, on peut appliquer le lemme 2 à $L^p(E)$, et la fonction $\delta_p(\varepsilon)$ obtenue peut être calculée en fonction du module de convexité $\delta(\varepsilon)$ de l'espace E. On peut parler du module de convexité $\delta_p(\varepsilon)$ même si E n'est pas uniformément convexe : il est alors nul pour tout ε inférieur à un certain ε_o. Ces préliminaires étant faits, nous allons établir la proposition 1 sous une forme plus précise que celle que nous avons énoncée :

Proposition 1 bis :

Le module de convexité $\delta(\varepsilon)$ des espaces $S(p;\ \xi_o, A_o;\ \xi_1, A_1)$ et $S_2(p;\ \xi_o,\ A_o;\ \xi_1,\ A_1)$ est minoré par :

$$\delta(\varepsilon) \geq 1 - \left[1 - \delta_p^o\left(\left(\frac{\varepsilon}{3^\theta}\right)^{1/1-\theta}\right)\right]^{1-\theta} \cdot \left[1 - \delta_p^1\left(\left(\frac{\varepsilon}{3^{1-\theta}}\right)^{1/\theta}\right)\right]^{\theta}$$

où $\delta_p^o(\varepsilon)$, $\delta_p^1(\varepsilon)$ désignent les modules de convexité homogènes des espaces $L^p(A_o)$, $L^p(A_1)$ respectivement.

Démonstration de la proposition 1 bis :

Soient $x, y \in S(p;\ \xi_o, A_o;\ \xi_1, A_1)$ avec $\|x\| \leq 1$, $\|y\| \leq 1$, $\|x-y\| \geq \varepsilon$. Soit η avec $0 < \eta < \min\left(\left(\frac{3}{2}\right)^\theta, \left(\frac{3}{2}\right)^{1-\theta}\right) - 1$. On peut trouver deux représentations $x = \int_{-\infty}^{+\infty} x(t)dt$, $y = \int_{-\infty}^{+\infty} y(t)\, dt$, avec

$$(1)\qquad \begin{cases} \|e^{\xi_o t} x(t)\|_{L^p(A_o)} \leq 1+\eta & , \|e^{\xi_1 t} x(t)\|_{L^p(A_1)} \leq 1+\eta \\ \|e^{\xi_o t} y(t)\|_{L^p(A_o)} \leq 1+\eta & , \|e^{\xi_1 t} y(t)\|_{L^p(A_1)} \leq 1+\eta \end{cases}$$

et, comme $x(t) - y(t)$ est un représentant de $x - y$:

$$\varepsilon \leq \|x-y\| \leq \|e^{\xi_o t}[x(t)-y(t)]\|_{L^p(A_o)}^{1-\theta} \cdot \|e^{\xi_1 t}[x(t)-y(t)]\|_{L^p(A_1)}^{\theta}$$

d'où l'on déduit, tenant compte de (1)

$$\|e^{\xi_0 t}(x(t)-y(t))\|_{L^p(A_0)} \geq \frac{\varepsilon^{\frac{1}{1-\theta}}}{2^{\frac{\theta}{1-\theta}}(1+\eta)^{\frac{\theta}{1-\theta}}}$$

$$\|e^{\xi_1 t}(x(t)-y(t))\|_{L^p(A_1)} \geq \frac{\varepsilon^{1/\theta}}{2^{\frac{1-\theta}{\theta}}(1+\eta)^{\frac{1-\theta}{\theta}}}$$

et comme $\dfrac{e^{\xi_0 t}x(t)}{1+\eta}$ et $\dfrac{e^{\xi_0 t}y(t)}{1+\eta}$ sont de norme au plus égale à 1, et que la norme de leur différence est minorée par $(\frac{\varepsilon}{3^\theta})^{1/1-\theta}$, on a :

$$\|e^{\xi_0 t}\left(\frac{x(t)+y(t)}{2}\right)\|^p_{L^p(A_0)} \leq (1+\eta)\left[1-\delta^o_p\left(\left(\frac{\varepsilon}{3^\theta}\right)^{1/1-\theta}\right)\right]$$

et de même :

$$\|e^{\xi_1 t}\left(\frac{x(t)+y(t)}{2}\right)\|^p_{L^p(A_1)} \leq (1+\eta)\left[1-\delta^1_p\left(\left(\frac{\varepsilon}{3^{1-\theta}}\right)^{1/\theta}\right)\right]$$

et donc, en appliquant à nouveau la formule d'interpolation :

$$\|\frac{x+y}{2}\| \leq (1+\eta)\left[1-\delta^o_p\left(\left(\frac{\varepsilon}{3^\theta}\right)^{1/1-\theta}\right)\right]^{1-\theta}\cdot\left[1-\delta^1_p\left(\left(\frac{\varepsilon}{3^{1-\theta}}\right)^{\frac{1}{\theta}}\right)\right]^{\theta}$$

Comme cette formule est vraie pour tout η avec $0<\eta<\min\left(\left(\frac{3}{2}\right)^\theta, \left(\frac{3}{2}\right)^{1-\theta}\right)-1$,

on en déduit

$$\delta(\varepsilon) \geq 1 - \left[1-\delta^o_p\left(\left(\frac{\varepsilon}{3^\theta}\right)^{1/1-\theta}\right)\right]^{1-\theta}\cdot\left[1-\delta^1_p\left(\left(\frac{\varepsilon}{3^{1-\theta}}\right)^{1/\theta}\right)\right]^{\theta}$$

Le calcul pour $S_2(p;\ \xi_0,\ A_0;\ \xi_1,\ A_1)$ s'effectue de façon identique et donne le même résultat.

Une application possible de ce résultat est la suivante : si l'on sait qu'un espace de Banach possède une certaine propriété, on peut, dans certaines conditions, construire un espace de Banach uniformément convexe qui possède cette même propriété. Ce fait a, par exemple, été utilisé par B. Maurey et H.P. Rosenthal dans [21].

Corollaire : Si A_o ou A_1 est super-réflexif, les espaces $(A_o, A_1)_{\theta,p}$ $(0<\theta<1, 1<p<\infty)$ sont super-réflexifs.

En effet, compte tenu de la proposition 1, il suffit, pour établir ce résultat, de remarquer que si l'on remplace la norme de A_o ou A_1 par une norme équivalente, la norme de $(A_o, A_1)_{\theta,p}$ est remplacée par une norme équivalente, ce qui est évident sur les définitions.

Nous allons maintenant nous intéresser à la notion duale de l'uniforme convexité, qui est l'uniforme lissité. Rappelons qu'on définit le module de lissité d'un espace E par la formule :

$$\rho_E(\tau) = \sup\{\tfrac{1}{2}(\|x+y\| + \|x-y\|) - 1 \ , \ \|x\| = 1 \ , \ \|y\| \leq \tau\} \ ,$$

et E est uniformément lisse si $\rho_E(\tau)/\tau \underset{\varepsilon \to 0}{\longrightarrow} 0$.

Un espace est uniformément lisse si et seulement si son dual est uniformément convexe. En utilisant le théorème de dualité du chapitre IV et la proposition 1, on obtient :

Proposition 2

Si A_o ou A_1 est uniformément lisse, l'autre étant réflexif, les espaces $S(p; \xi_o, A_o; \xi_1, A_1)$ $(1<p<\infty)$ sont uniformément lisses.

Démonstration

Supposons A_o uniformément lisse, donc A_o' uniformément convexe. D'après la proposition 1, $S_2(q; -\xi_o, A_o'; -\xi_1, A_1')$ est uniformément convexe, et, d'après le théorème de dualité (puisque A_o et A_1, étant réflexifs, ont tous deux la propriété de Radon-Nikodym), $S(p; \xi_o, A_o; \xi_1, A_1)$ est uniformément lisse.

Les propositions 1 et 2 permettent de retrouver, en le précisant, un résultat d'Asplund [1] : si un espace peut être muni de deux normes équivalentes, l'une uniformément convexe, l'autre uniformément lisse, il peut être muni d'une troisième norme, équivalente aux deux précédentes, possédant les deux propriétés à la fois. En effet :

Corollaire : Si A_0 est uniformément convexe et A_1 uniformément lisse, les espaces $S(p;\ \xi_0, A_0;\ \xi_1, A_1)$ $(1 < p < \infty)$ sont uniformément convexes et uniformément lisses.

Il suffit pour retrouver le résultat d'Asplund, de prendre pour A_0 l'espace muni de le norme uniformément convexe et pour A_1 l'espace muni de la norme uniformément lisse.

2) B - convexité, type et cotype Rademacher

De la même façon que nous sommes intéressés à la super - réflexivité, nous allons maintenant considérer la super - propriété associée au fait de ne pas contenir ℓ^1 : si l'espace possède cette super-propriété, on ne peut, pour tout $n \in \mathbb{N}$ et tout $\varepsilon > 0$, y trouver un sous - espace $(1+\varepsilon)$ isomorphe à $\ell^1_{(n)}$; on dit alors que l'espace ne contient pas des $\ell^1_{(n)}$ uniformément, ou que l'espace est B - convexe.

Proposition 3

Les espaces $(A_0, A_1)_{\theta,p}$ $(0 < \theta < 1\ ,\ 1 < p < \infty)$ sont B - convexes si A_0 ou A_1 l'est.

Démonstration

La B - convexité est une notion invariante par isomorphisme; il n'est donc pas nécessaire de spécifier dans l'énoncé quelle est la norme choisie sur $(A_0, A_1)_{\theta,p}$. Pour la démonstration, choisissons la norme S. Supposons que $S(p;\ \xi_0, A_0;\ \xi_1, A_1)$ contienne un sous - espace $(1+\varepsilon)$ isomorphe à $\ell^1_{(n)}$: on peut trouver n vecteurs de norme 1, $u_1 \dots u_n$, tels que pour toute suite finie de scalaires on ait :

$$\frac{1}{1+\varepsilon} \sum_1^n |c_i| \leq \|\sum_{i=1}^n c_i u_i\|_S \leq \sum_1^n |c_i|$$

Pour chaque i, choisissons un représentant $u_i(t)$ de u_i, avec

$$\max(\|e^{\xi_0 t} u_i(t)\|_{L^p(A_0)}\ ,\ \|e^{\xi_1 t} u_i(t)\|_{L^p(A_1)}) \leq 1+\varepsilon\ .$$

On déduit de la formule d'interpolation :

$$\frac{1}{1+\varepsilon}\sum_1^n |c_i| \le \|\sum_1^n c_i u_i\|_S \le \|e^{\xi_0 t}\sum_1^n c_i u_i(t)\|^{1-\theta}_{L^p(A_o)} \cdot \|e^{\xi_1 t}\sum_1^n c_i u_i(t)\|^{\theta}_{L^p(A_1)}$$

et donc

$$(1)\qquad \frac{1}{(1+\varepsilon)^{\frac{1+\theta}{1-\theta}}}\sum_1^n |c_i| \le \|e^{\xi_0 t}\sum_1^n c_i u_i(t)\|_{L^p(A_0)} \le (1+\varepsilon)\sum_1^n |c_i|$$

et

$$(2)\qquad \frac{1}{(1+\varepsilon)^{\frac{2-\theta}{\theta}}}\sum_1^n |c_i| \le \|e^{\xi_1 t}\sum_1^n c_i u_i(t)\|_{L^p(A_1)} \le (1+\varepsilon)\sum_1^n |c_i|$$

Il résulte de (1) que $L^p(A_0)$ contient des $\ell^1_{(n)}$ uniformément, et de (2) que $L^p(A_1)$ aussi. Or on sait (voir par exemple les exposés de G. Pisier [22]) que, si $1 < p < \infty$, pour un espace de Banach E, $L^p(E)$ contient des ℓ^1_n uniformément si et seulement si il en est de même de E : il en résulte que A_0 et A_1 contiennent tous deux, uniformément, des sous-espaces isomorphes à $\ell^1_{(n)}$, ce qui achève la démonstration de la proposition.

Remarquons au passage que rien ne dit que, pour chaque n, on puisse trouver n points de $A_0 \cap A_1$, équivalents à la base canonique de $\ell^1_{(n)}$ à la fois dans A_0 et A_1 ($\ell^1_{(n)}$ homothétiques, au sens que nous avons déjà considéré). Les $\ell^1_{(n)}$ trouvés dans $L^p(A_0)$ et $L^p(A_1)$ ont une corrélation : ils diffèrent l'un de l'autre par des fonctions à valeurs scalaires, mais cela n'implique pas que l'on puisse trouver dans A_0 et A_1 des $\ell^1_{(n)}$ homothétiques. Ce résultat est du reste faux en général, même dans le cas $A_0 \hookrightarrow A_1$; nous reviendrons sur ce point au prochain paragraphe.

La B-convexité peut être formulée en employant la notion de type p-Rademacher : soient $(r_n(t))$ les fonctions de Rademacher (elles sont définies par

$$r_n(t) = +1 \quad \text{si} \quad \frac{2k-2}{2^n} \le t < \frac{2k-1}{2^n}$$

$$= -1 \quad \text{si} \quad \frac{2k-1}{2^n} \le t < \frac{2k}{2^n}$$

pour $k=1,\dots,2^{n-1}$); on dira qu'un espace de Banach E est de type p - Rademacher s'il existe une constante C telle que, pour toute suite finie (x_i) de points de E, on ait

$$(3) \qquad \left(\int \|\Sigma\, r_i(t)\, x_i\|^p dt\right)^{1/p} \leq C\, (\Sigma\, \|x_i\|^p)^{1/p} .$$

On vérifie facilement que si E est de type p-Rademacher pour un p, $1 < p \leq 2$, il ne peut contenir de $\ell^1_{(n)}$ uniformément. Inversement, il a été démontré par G. Pisier [22] que si un espace ne contenait pas de $\ell^1_{(n)}$ uniformément, il devait être de type p - Rademacher pour un p, $1 < p \leq 2$. La proposition qui suit précise donc la proposition 3, pour certains espaces d'interpolation.

Proposition 4

Si A_o est de type p_o-Rademacher ($1 \leq p_o \leq 2$), et A_1 de type p_1-Rademacher ($1 \leq p_1 \leq 2$) l'espace $(A_o, A_1)_{\theta,p}$ est de type p - Rademacher, avec

$$\frac{1}{p} = \frac{1-\theta}{p_o} + \frac{\theta}{p_1}$$

Démonstration

La condition (3) signifie que l'opérateur

$$(x_i) \to \Sigma\, r_i(t)\, x_i$$

est continu de $\ell^p(E)$ dans $L^p(E)$.

Si donc il est continu de $\ell^{p_o}(A_o)$ dans $L^{p_o}(A_o)$ et de $\ell^{p_1}(A_1)$ dans $L^{p_1}(A_1)$, il est continu de $\ell^p((A_o,A_1)_{\theta,p})$ dans $L^p((A_o,A_1)_{\theta,p})$, d'après le théorème d'interpolation, puisque, d'après Lions - Peetre [19], on a

$$(\ell^{p_o}(A_o),\ \ell^{p_1}(A_1))_{\theta,p} = \ell^p((A_o,A_1)_{\theta,p}) \ , \text{ et}$$

$$(L^{p_o}(A_o), L^{p_1}(A_1))_{\theta,p} = L^p((A_o,A_1)_{\theta,p}) \ ,$$

lorsque

$$\frac{1}{p} = \frac{1-\theta}{p_o} + \frac{\theta}{p_1}$$

Dans la formule (3), l'exposant du premier membre n'est pas significatif, et on peut remplacer ce premier membre par $(\int \|\Sigma r_i(t)\, x_i\|^r dt)^{1/r}$, pour $1 \leq r < \infty$. Il en résulte que si un espace E est de type p - Rademacher, il est aussi de type q - Rademacher pour $1 \leq q \leq p$. Si donc A_o est de type p_o et A_1 de type p_1, ils sont aussi de type p'_o, p'_1 pour $p'_o \leq p_o$, $p'_1 \leq p_1$, et, d'après la proposition 4, $(A_o, A_1)_{\theta, p'}$ est de type p', si $\frac{1}{p'} = \frac{1-\theta}{p'_o} + \frac{\theta}{p'_1}$. On en déduit, puisque, pour θ et p' donnés avec $p' \leq p$, on peut toujours trouver p'_o et p'_1 avec $p'_o \leq p_o$, $p'_1 \leq p_1$, $\frac{1}{p'} = \frac{1-\theta}{p'_o} + \frac{\theta}{p'_1}$:

<u>Corollaire</u> : Si A_o est de type p_o, A_1 de type p_1, les espaces $(A_o, A_1)_{\theta, p'}$ sont de type p', si $p' \leq p$, où p est donné par la formule

$$\frac{1}{p} = \frac{1-\theta}{p_o} + \frac{\theta}{p_1}$$

Nous avons donc, pour la super - réflexivité et la B - convexité, trouvé des conditions suffisantes qui assurent que les espaces d'interpolation $(A_o, A_1)_{\theta, p}$ $(0 < \theta < 1,\ 1 < p < \infty)$ aient ces propriétés. Il n'y a pas d'étude particulière à faire pour la super - propriété de Banach - Saks, car, puisque la super réflexivité implique la propriété de Banach - Saks qui implique elle-même la réflexivité, la super - réflexivité et la super - propriété de Banach - Saks sont équivalentes.

Il existe une condition qui permet d'assurer qu'un espace ne contient pas de $\ell^\infty_{(n)}$ uniformément : G. Pisier a démontré dans [23] que cela se produisait si et seulement si l'on pouvait trouver un p avec $2 \leq p < \infty$ pour lequel la condition (3), avec $\geq$ au lieu de $\leq$, se trouvait satisfaite. On dit alors que E est de cotype p - Rademacher. Aucun résultat n'est connu concernant le cotype des espaces d'interpolation.

Il est clair que les conditions suffisantes que nous avons obtenues ne sont pas nécessaires : L^2 est l'espace d'interpolation de paramètres $\frac{1}{2}$, 2 entre L^1 et L^∞ et possède ces propriétés sans que L^1 ou L^∞ les aient. Nous sommes donc conduits à nous demander si, comme c'était le cas pour la réflexivité, il ne suffirait pas d'imposer à l'injection i (de $A_o \cap A_1$ dans $A_o + A_1$ dans le cadre général, ou de A_o dans A_1 si $A_o \hookrightarrow A_1$) une condition, qui serait l'extension aux opérateurs de la super - réflexivité (super - faible - compacité) pour assurer la super - réflexivité de $(A_o, A_1)_{1/2,2}$. Ce n'est pas le cas, mais cette condition mérite d'être étudiée : c'est ce que nous allons faire au paragraphe qui suit.

§ 2 Opérateurs uniformément convexifiants, opérateurs de type Rademacher

L'étude de ces opérateurs a été faite par l'auteur dans [3], [4] et [5]. Nous mentionnerons seulement ici, outre quelques définitions, ceux des résultats qui sont en rapport avec la théorie de l'interpolation, sans donner de démonstration, en renvoyant aux références citées pour les justifications .

Soient $T_1 : E_1 \to F_1$, $T_2 : E_2 \to F_2$ deux opérateurs entre espaces de Banach. Nous dirons que T_2 est finiment représentable dans T_1 si, pour tout $\varepsilon > 0$, tout sous - espace de dimension finie F_2^o de F_2 , tout sous - espace E_2^o, de même dimension que F_2^o , tel que $T_2(E_2^o) = F_2^o$, on peut trouver des sous - espaces E_1^o et F_1^o de E_1 et F_1 respectivement, avec $T_1(E_1^o) = F_1^o$, et des isomorphismes U de E_2^o sur E_1^o, V, de F_2^o sur F_1^o, avec $\|U\| \leq 1 + \varepsilon$, $\|V\| \leq 1 + \varepsilon$, $\|U^{-1}\| \leq 1 + \varepsilon$, $\|V^{-1}\| \leq 1 + \varepsilon$, de telle façon que le diagramme :

$$\begin{array}{ccc} E_1^o & \xrightarrow{T_1} & F_1^o \\ U \uparrow & & \uparrow V \\ E_2^o & \xrightarrow{T_2} & F_2^o \end{array}$$

soit commutatif .

Cette définition est celle donné par l'auteur dans ([4], appendice)). Nous dirons qu'un opérateur est uniformément convexifiant si tout opérateur qui y est finiment représentable est faiblement compact. On peut démontrer [3] pour ces opérateurs un théorème d'uniforme convexité analogue au théorème de James - Enflo pour les espaces super - réflexifs : si $T : E \to F$ est uniformément convexifiant, on peut munir E d'une nouvelle norme, notée $|.|$, qui rende T uniformément convexe, en ce sens que : $\forall \varepsilon > 0$, $\exists \delta > 0$, $\forall x, y \in E$, les conditions

$$|x| = |y| = 1; \quad \|Tx - Ty\|_F \geq \varepsilon$$

impliquent

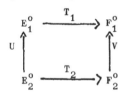

$$\left|\frac{x+y}{2}\right| \leq 1-\delta$$

Un opérateur uniformément convexifiant ne se factorise pas nécessairement par un espace super - réflexif : si on considère l'injection de l'espace d'Orlicz $L^{\varphi}([0,1],dt)$, où φ est la fonction $\varphi(t) = t(1+\text{Log}(1+t))$ dans $L^1([0,1],dt)$, cette injection est uniformément convexifiante sans qu'aucun des espaces intermédiaires entre L^{φ} et L^1 soit super - réflexif (voir [3]). L'analogue pour les opérateurs de la proposition II. 3. 1 n'est donc pas vrai. Néanmoins, on peut établir pour les opérateurs uniformément convexifiants la proposition suivante, qui généralise la proposition 1 du paragraphe précédent :

Proposition 1

Soient A_0, A_1, B_0, B_1 deux couples d'espaces de Banach, et soit T un opérateur continu de A_0 dans B_0 et de A_1 dans B_1. Si T est uniformément convexe de A_0 dans B_0 ou de A_1 dans B_1, il est uniformément convexe de $S(p;\ \xi_0,\ A_0;\ \xi_1,\ A_1)$ dans $S(p;\ \xi_0,\ B_0;\ \xi_1, B_1)$ et de $S_2(p;\ \xi_0, A_0;\ \xi_1, A_1)$ dans $S_2(p;\ \xi_0, B_0;\ \xi_1, B_1)$ $(1 < p < \infty)$.

De cette proposition on déduit plusieurs corollaires :

Corollaire 1 : Si T est uniformément convexifiant de A_0 dans B_0, ou de A_1 dans B_1, il l'est aussi de $(A_0, A_1)_{\theta,p}$ dans $(B_0, B_1)_{\theta,p}$ $(0<\theta<1,\ 1<p<\infty)$

Nous supposons maintenant $A_0 \hookrightarrow A_1$.

Corollaire 2 : Si l'injection i de A_0 dans A_1 est uniformément convexifiante, l'injection de $(A_0, A_1)_{\theta,p}$ dans $(A_0,\ A_1)_{\sigma,q}$ $(0<\theta<\sigma<1\ ,\ 1<p,\ q<\infty)$ l'est aussi.

Le corollaire 2 est une simple conséquence du corollaire 1 et du théorème de réitération.

De même, on peut étudier l'extension aux opérateurs de la B - convexité : cela a été fait par l'auteur dans [5]. On dit qu'un opérateur T, de E dans F, est de type Rademacher si la suite de nombres réels

$$a_n(T) = \sup \left\{ \frac{1}{n} \int_0^1 \left\| \sum_1^n r_i(t)\, Tx_i \right\|_F dt;\ x_1 \ldots x_n \in E,\ \|x_i\|_E \leq 1 \right\}$$

tend vers 0 lorsque $n \to \infty$.

On obtient pour ces opérateurs des résultats analogues à ceux établis pour les opérateurs uniformément convexifiants; nous renvoyons à [5] pour les énoncés précis.

Nous voyons donc que, même dans le cas $A_o \hookrightarrow A_1$, la super - propriété de l'injection i : $A_o \to A_1$ ne se concrétise pas nécessairement sur l'un des espaces $(A_o, A_1)_{\theta,p}$; elle ne fait qu'impliquer la même super - propriété pour les "injections partielles" $(A_o, A_1)_{\theta,p} \to (A_o, A_1)_{\sigma,q}$ $0 < \theta < \sigma < 1$, $1 < p,q < \infty$.

Aucune condition nécessaire et suffisante à la super - réflexivité des des espaces d'interpolation n'est connue; ce problème constitue, à notre avis, la principale question ouverte dans l'étude des espaces d'interpolation.

CHAPITRE VI

MEILLEURES REPRESENTATIONS ET PROPRIETES METRIQUES NON UNIFORMES

Nous avons jusqu'à présent considéré des propriétés topologiques des espaces d'Interpolation, des propriétes invariantes par isomorphisme, ou des propriétés métriques uniformes sur toute la boule unité (uniforme convexité, uniforme lissité). Nous souhaitons maintenant nous intéresser à des propriétés métriques qui ne sont plus uniformes. Pour leur étude, il ne suffira plus de pouvoir approximer la norme d'un point de l'espace d'Interpolation, fût-ce aussi bien qu'on le désire, par la norme de ses représentations: il faut savoir s'il existe une représentation qui réalise exactement la norme du point.

§ 1 Réalisation de la meilleure représentation dans la définition s

Rappelons que la norme s est définie par :

$$\|x\|_s = \Big(\sum_{m\in\mathbb{Z}} \|x\|_m^p\Big)^{1/p} , \quad \text{où} \quad \|\cdot\|_m \text{ est la}$$

jauge du convexe $U_m = e^{-\xi_0 m} B_0 + e^{-\xi_1 m} B_1$.

On vérifie immédiatement qu'elle s'écrit aussi

$$\text{(1)} \qquad \|x\|_s = \left(\sum_{m\in\mathbb{Z}} \Big(\inf_{u_0+u_1=x} \max(\|e^{\xi_0 m} u_0\|_{A_0} , \|e^{\xi_1 m} u_1\|_{A_1})\Big)^p\right)^{1/p}$$

et on peut se demander à quelle condition on peut, pour chaque m, trouver u_0 et u_1 réalisant l'infimum dans (1) . La proposition qui suit a été initialement démontrée par l'auteur dans [6] (dans le cas $A_0 \hookrightarrow A_1$).

Proposition 1

a) On suppose que B_0 et B_1 sont deux sous-ensembles fermés de $\mathcal{S}$, l'un des deux (B_o, pour fixer les idées) étant en outre $\sigma(\mathcal{S},\mathcal{S}')$ compact. Alors on peut, pour chaque $x\in A$ et chaque $m\in\mathbb{Z}$, trouver une décomposition $x=u_o+u_1$, $u_o\in A_o$, $u_1\in A_1$, avec

$$(2)\qquad \max(\|e^{\xi_o m}u_o\|_{A_o}, \|e^{\xi_1 m}u_1\|_{A_1}) = \inf_{\tilde{u}_o+\tilde{u}_1=x} \max(\|e^{\xi_o m}\tilde{u}_o\|_{A_1}, \|e^{\xi_1 m}\tilde{u}_1\|_{A_1})$$

Si en outre $\mathcal{J}$ est dense dans A_o et dans A_1, tous les couples (u_o, u_1) satisfaisant (2) vérifient en outre

$$(3)\qquad \|e^{\xi_o m}u_o\|_{A_o} = \|e^{\xi_1 m}u_1\|_{A_1}$$

<u>Démonstration</u>

Remarquons au passage que l'hypothèse "B_o faiblement compact dans $\mathcal{S}$" implique que l'injection j_o, donc l'injection i, est faiblement compacte, et donc les espaces $(A_o, A_1)_{\theta,p}$ $(1<p<\infty)$ doivent être réflexifs.

On sait que pour chaque m, la jauge $\|\cdot\|_m$ de U_m est une norme équivalente à la norme de $\mathcal{S}$. Or il résulte des hypothèses que U_m est fermé dans $\mathcal{S}$ (somme d'un faiblement compact et d'un faiblement fermé) et donc est égal à l'ensemble des points de jauge au plus égale à 1. Si $x\in A$ et si $\alpha=\|x\|_m$, on peut donc trouver a_o et a_1 avec $a_o\in e^{-\xi_o m}B_o$, $a_1\in e^{-\xi_1 m}B_1$, $x=\alpha a_o+\alpha a_1$. On pose $u_o=\alpha a_o$, $u_1=\alpha a_1$: ils vérifient (3).

Montrons maintenant le point b). Supposons par exemple que, pour un couple (u_o, u_1) vérifiant (2), on ait, pour un certain $\delta>0$,

$$\|e^{\xi_1 m}u_1\|_{A_1} > \|e^{\xi_o m}u_o\|_{A_o} + \delta$$

On va montrer qu'on peut diminuer le terme $\|e^{\xi_1 m}u_1\|_{A_1}$ sans trop augmenter le terme $\|e^{\xi_o m}u_o\|_{A_o}$, en remplaçant, pour un certain $a\in\mathcal{J}$, u_o par u_o+a, et u_1 par u_1-a : u_o et u_1 ne constitueront donc pas la meilleure représentation au sens de (2).

Posons $\beta = e^{-\xi_o m}\frac{\delta}{2}$. On a, si $\|a\|_{A_o}\leq\beta$,

$$\|e^{\xi_o m}(u_o + a)\|_{A_o} \leq \|e^{\xi_o m} u_o\|_{A_o} + \delta/2$$

Notons $\mathcal{K}$ le sous - ensemble de $\mathcal{S}$ constitué des $a \in \mathcal{J}$ tels que $\|a\|_{A_o} \leq \beta$. Pour achever la démonstration, il nous suffit de montrer que l'on peut trouver $a \in \mathcal{K}$ tel que

$$\|e^{\xi_1 m}(u_1 - a)\|_{A_1} < \|e^{\xi_1 m} u_1\|_{A_1} .$$

Supposons qu'il n'en soit pas ainsi, et que l'on ait pour tout $a \in \mathcal{K}$

$$\|u_1 - a\|_{A_1} \geq \|u_1\|_{A_1}$$

L'ensemble $M = \{u_1 - a,\ a \in \mathcal{K}\}$ est alors disjoint de la boule ouverte, dans A_1, centrée à l'origine et de rayon $\|u_1\|_{A_1}$. On peut séparer M et cette boule par un hyperplan fermé, et u_1, appartenant à M et à la boule fermée, appartient à l'hyperplan. Le demi - espace limité par cet hyperplan et contenant M est invariant par les homothéties de centre u_1 et de rapport positif, et donc il contient aussi l'ensemble $\{u_1 - a,\ a \in \mathcal{J}\}$, c'est à dire $u_1 + \mathcal{J}$. Ceci contredit l'hypothèse de densité de $\mathcal{J}$ dans A_1, et achève la démonstration de notre proposition.

Comme nous l'avons dit, l'hypothèse a) de la proposition 1 nécessite que les espaces $(A_o, A_1)_{\theta,p}$ soient réflexifs; elle est bien entendu satisfaite si A_o et A_1 sont réflexifs. Si $A_o \hookrightarrow A_1$, elle est satisfaite dès que A_o est réflexif.

L'existence de meilleures représentations peut permettre l'étude de propriétés métriques qui ne sont pas uniformes sur tout l'espace; nous allons le montrer sur l'exemple de la stricte convexité.

§ 2 Stricte convexité des espaces d'interpolation

Rappelons qu'un espace de Banach E est strictement convexe si $\forall x, y \in E$, si $\|x\| = \|y\| = 1$ et $x \neq y$, alors $\|\frac{x + y}{2}\| < 1$. On montre facilement, en adaptant la démonstration rappelée dans [10] pour l'uniforme convexité, que si $1 < p < \infty$, l'espace $\ell^p(E)$ est strictement convexe dès que E l'est.

Proposition 1

On suppose satisfaites les hypothèses de la proposition 1 du paragraphe précédent : B_0 et B_1 fermées dans $\mathcal{S}$, l'une étant faiblement compacte, et $\mathcal{J}$ est dense dans A_0 et dans A_1.

Alors, si A_0 ou A_1 est strictement convexe, l'espace $s(p;\ \xi_0, A_0;\ \xi_1, A_1)$ l'est aussi si $1 < p < \infty$.

Démonstration

Supposons que l'on puisse trouver dans s deux points u et v avec

$$\|u\| = \|v\| = \left\|\frac{u+v}{2}\right\| = 1$$

Pour chaque m, choisissons une meilleure représentation $u_0(m)$, $u_1(m)$ de u (au sens de (2)) et une meilleure représentation $v_0(m)$, $v_1(m)$ de v. On a alors :

$$1 = \left\|\frac{u+v}{2}\right\| \leq$$

$$\leq \left[\sum_{m \in \mathbb{Z}} \left[\max \left(\left\| e^{\xi_0 m} \frac{u_0(m) + v_0(m)}{2} \right\|_{A_0} ,\ \left\| e^{\xi_1 m} \frac{u_1(m) + v_1(m)}{2} \right\|_{A_1} \right]^p \right]^{1/p}$$

$$\leq \left[\sum_{m \in \mathbb{Z}} \max \left\{ \frac{1}{2} \left(\| e^{\xi_0 m} u_0(m) \|_{A_0}^p + \| e^{\xi_0 m} v_0(m) \|_{A_0}^p \right), \right.\right.$$

$$\left.\left. \frac{1}{2} \left(\| e^{\xi_1 m} u_1(m) \|_{A_1}^p + \| e^{\xi_1 m} v_1(m) \|_{A_1}^p \right) \right\} \right]^{1/p}$$

Mais on sait que, pour chaque m, on a

$$\| e^{\xi_0 m} u_0(m) \|_{A_0} = \| e^{\xi_1 m} u_1(m) \|_{A_1}$$

$$\| e^{\xi_0 m} v_0(m) \|_{A_0} = \| e^{\xi_1 m} v_1(m) \|_{A_1}$$

et les deux nombres figurant dans le max. sont donc égaux, et le max. est n'importe lequel d'entre eux. Mais puisque $\|u\| = \|v\| = 1$, on a :

$$\sum_{m\in\mathbb{Z}}\left(\frac{1}{2}\left(\|e^{\xi_0 m}u_o(m)\|^p_{A_o}+\|e^{\xi_1 m}v_o(m)\|^p_{A_o}\right)\right)=\frac{1}{2}(\|u\|^p_s+\|v\|^p_s)$$

$$=1,$$

et donc

$$\sum_{m\in\mathbb{Z}}\max\left(\left\|e^{\xi_0 m}\frac{u_o(m)+v_o(m)}{2}\right\|^p_{A_o},\ \left\|e^{\xi_1 m}\frac{u_1(m)+v_1(m)}{2}\right\|^p_{A_1}\right)=1$$

D'où il résulte que $\left(\frac{u_o(m)+v_o(m)}{2}, \frac{u_1(m)+v_1(m)}{2}\right)$ forme, pour chaque m, une meilleure représentation de $\frac{u+v}{2}$. Appliquant à nouveau la proposition 1 b du paragraphe 1, nous obtenons :

$$\sum_{m\in\mathbb{Z}}\|e^{\xi_0 m}\frac{u_o(m)+v_o(m)}{2}\|^p_{A_o}=\sum_{m\in\mathbb{Z}}\|e^{\xi_1 m}\frac{u_1(m)+v_1(m)}{2}\|^p_{A_1}=1$$

Il en résulte que les suites $(e^{\xi_0 m}u_o(m))_{m\in\mathbb{Z}}$, $(e^{\xi_0 m}v_o(m))_{m\in\mathbb{Z}}$, $\left(e^{\xi_0 m}\frac{u_o(m)+v_o(m)}{2}\right)_{m\in\mathbb{Z}}$ d'une part, et $(e^{\xi_1 m}u_1(m))_{m\in\mathbb{Z}}$, $(e^{\xi_1 m}v_1(m))_{m\in\mathbb{Z}}$, $\left(e^{\xi_1 m}\frac{u_1(m)+v_1(m)}{2}\right)_{m\in\mathbb{Z}}$ d'autre part sont toutes de norme 1 dans $\ell^p(A_o)$ et $\ell^p(A_1)$ respectivement. Si maintenant A_o par exemple, est strictement convexe, $\ell^p(A_o)$ l'est aussi, et on a donc pour chaque $m\in\mathbb{Z}$

$$u_o(m)=v_o(m)$$

Puisqu'on peut écrire, pour tout m :

$$u=u_o(m)+u_1(m)$$

$$v=u_o(m)+v_1(m)$$

on a $u-v=u_1(m)-v_1(m)\in A_1$.

Par ailleurs, des conditions

$$\sum_{m\in\mathbb{Z}} \|e^{\xi_1 m} u_1(m)\|_{A_1}^p \leq 1 \quad , \quad \sum_{m\in\mathbb{Z}} \|e^{\xi_1 m} v_1(m)\|_{A_1}^p \leq 1$$

résulte que pour tout m :

$$\|u_1(m)\|_{A_1} \leq e^{-\xi_1 m}, \quad \|v_1(m)\|_{A_1} \leq e^{-\xi_1 m}$$

et donc

$$\|u - v\|_{A_1} \leq 2\, e^{-\xi_1 m}$$

et comme m est un entier relatif quelconque, ceci implique $u = v$, et achève la démonstration.

<u>Corollaire</u> : On suppose $A_o \hookrightarrow A_1$, A_o dense dans A_1. Alors, si A_o est réflexif et A_o ou A_1 strictement convexe, les espaces $s(p;\ \xi_o, A_o;\ \xi_1, A_1)$ sont strictement convexes (lorsque $1 < p < \infty$).

CHAPITRE VII

QUELQUES "DEFAUTS" DU PROCEDE D'INTERPOLATION

Nous avons décrit, dans les chapitres précédents, quelques unes des propriétés des espaces d'Interpolation réels introduits par Lions - Peetre. Elles paraissent assez nombreuses pour que nous puissions nous permettre de mentionner, pour conclure, quelques vertus que ce procédé d'Interpolation ne possède précisément pas. Nous remarquerons toutefois que ces "défauts" sont des conséquences nécessaires des résultats démontrés jusqu'ici; en outre, pour chacun d'eux, nous pourrons donner des résultats positifs.

§ 1 Interpolation entre sous - espaces et entre quotients

Soient F_o et F_1 deux sous - espaces fermés de A_o et A_1 respectivement. On peut définir l'interpolé $(F_o, F_1)_{\theta,p}$; il sera éventuellement réduit à $\{0\}$ si $F_o \cap F_1 = \{0\}$. Il est clair que l'on peut comparer $(F_o, F_1)_{\theta,p}$ et $(A_o, A_1)_{\theta,p}$:

Proposition 1 :

$(F_o, F_1)_{\theta,p}$ est, algébriquement, un sous - espace de $(A_o, A_1)_{\theta,p}$, et, pour tout x du premier espace, on a

$$\|x\|_{(A_o,A_1)_{\theta,p}} \leq \|x\|_{(F_o,F_1)_{\theta,p}}$$

C'est en effet évident sur les définitions : l'infimum qui définit $\|x\|_{(F_o,F_1)_{\theta,p}}$ porte sur moins de termes que celui qui définit $\|x\|_{(A_o,A_1)_{\theta,p}}$. On peut aussi, bien sûr, considérer cette proposition comme une conséquence du théorème d'inpolation (prop. I.2.2.)

Toutefois, en général, l'espace $(F_0,F_1)_{\theta,p}$ n'est pas isomorphe à un sous-espace de $(A_0, A_1)_{\theta,p}$: il est assez facile de produire des exemples d'espaces A_0, A_1 et de sous-espaces F_0, F_1, pour lesquels, pour certaines valeurs des paramètres θ, p, l'espace $(F_0, F_1)_{\theta,p}$ n'est pas isomorphe à un sous-espace de $(A_0, A_1)_{\theta,p}$. Nous pouvons même donner un exemple de A_0, A_1, F_0, F_1, pour lesquels, pour aucune valeur de θ,p $(0<\theta<1,\ 1\leq p\leq\infty)$, l'espace $(F_0, F_1)_{\theta,p}$ n'est isomorphe à un sous-espace de $(A_0, A_1)_{\theta,p}$; ceci répond à une question de J.L. Lions. Nous allons maintenant développer cet exemple.

Pour A_0 nous prendrons l'espace $L^\infty([0,1],dt)$ et pour A_1 l'espace $L^2([0,1], dt)$. Nous utiliserons le fait, démontré dans Lions-Peetre [19] que $(A_0, A_1)_{\theta,q}$ est isomorphe à L^q lorsque $\frac{\theta}{2}=\frac{1}{q}$, ou $q=\frac{2}{\theta}$.

Nous avons déjà introduit, au chapitre V, les fonctions de Rademacher. Notons F_0, F_1 les sous-espaces qu'elles engendrent, dans A_0 et A_1 respectivement. On sait que F_1 est isomorphe à ℓ^2; cela résulte des inégalités de Khintchine :

$$m(\Sigma\,|\alpha_i|^2)^{1/2} \leq \int_0^1 |\Sigma\,\alpha_i\, r_i(t)|\,dt \leq M(\Sigma\,|\alpha_i|^2)^{1/2},$$

pour toute suite finie de scalaires (α_i).

Nous allons maintenant caractériser le sous-espace F_0 :

<u>Lemme</u> : Le sous-espace F_0 engendré par les fonctions de Rademacher dans L^∞ est isométrique à ℓ^1: on a, pour toute suite finie de scalaires (α_i) :

$$\|\Sigma\,\alpha_i\, r_i(t)\|_{L^\infty} = \Sigma\,|\alpha_i|$$

<u>Démonstration du lemme</u>: Nous le démontrerons par récurrence sur la longueur des suites finies $(\alpha_1,\ldots,\alpha_n)$. C'est évident pour $n=1$. Supposons la propriété établie pour les suites de longueur n. On peut alors trouver un sous-ensemble U de $[0,1]$, intervalle dyadique de mesure $\frac{1}{2^n}$, avec, $\forall t\in U$:

$$\sum_1^n |\alpha_i| = |\sum_1^n \alpha_i\, r_i(t)|$$

La fonction r_{n+1} vaut $+1$ sur la moitié de A, -1 sur l'autre moitié, donc, dans l'une des deux, le produit $\alpha_{n+1} r_{n+1}(t)$ est du signe de $\sum_1^n \alpha_i r_i(t)$, et par conséquent :

$$\left|\sum_1^n \alpha_i r_i(t) + \alpha_{n+1} r_{n+1}(t)\right| = \left|\sum_1^n \alpha_i r_i(t)\right| + |\alpha_{n+1}| = \sum_1^{n+1} |\alpha_i|$$

ce qui établit notre assertion.

Il nous reste donc à démontrer que, pour tout θ, $0<\theta<1$, tout p, $1\leq p\leq\infty$, l'espace $(\ell^1,\ell^2)_{\theta,p}$ n'est isomorphe à aucun sous-espace de $(L^\infty, L^2)_{\theta,p}$.

Nous avons vu au chapitre I, § 5 , prop. 2 les inclusions :

$$(\ell^1,\ell^2)_{\theta_1,p_1} \hookrightarrow (\ell^1,\ell^2)_{\theta,p} \hookrightarrow (\ell^1,\ell^2)_{\theta_2,p_2},$$

si $\theta_1<\theta<\theta_2$, p_1,p,p_2 quelconques

et aussi

$$(L^\infty,L^2)_{\theta_1,p_1'} \hookrightarrow (L^\infty,L^2)_{\theta,p} \hookrightarrow (L^\infty,L^2)_{\theta_2,p_2'}$$

si $\theta_1<\theta<\theta_2$, p_1',p,p_2' étant quelconques.

Choisissons ε assez petit pour que l'on ait $\theta+\varepsilon<1$ et prenons $\theta_2=\theta+\varepsilon$, $\theta_1=\theta-\varepsilon$.

D'après Lions - Peetre [19], $(\ell^1, \ell^2)_{\theta-\varepsilon,p_1}$ est isomorphe à ℓ^{p_1} si l'on a choisi $p_1=\frac{2}{2-(\theta-\varepsilon)}$, et $(\ell^1,\ell^2)_{\theta+\varepsilon,p_2}$ est isomorphe à ℓ^{p_2} si l'on a choisi $p_2=\frac{2}{2-(\theta+\varepsilon)}$.

Puisque $\ell^1 \hookrightarrow \ell^2$, on peut, d'après les théorèmes de comparaison démon trés au chapitre I, § 5 (prop 2), trouver deux constantes C_1 et C_2 telles que, pour tout $x=(x(m))_{m\in\mathbb{N}}$ à support fini, on ait :

$$C_1 \|x\|_{\ell^{\frac{2}{2-(\theta+\varepsilon)}}} \leq \|x\|_{(\ell^1,\ell^2)_{\theta,p}} \leq C_2 \|x\|_{\ell^{\frac{2}{2-(\theta-\varepsilon)}}}$$

Notons (e_n) la base canonique de ℓ^1 (puisque (e_n) est une base inconditionnelle de ℓ^1 et ℓ^2, c'est aussi une base inconditionnelle de $(\ell^1,\ell^2)_{\theta,p}$, comme on vérifie facilement). On a pour tout n, pour tout choix de signes $\varepsilon_1,\dots,\varepsilon_n = \pm 1$, en vertu des estimations précédentes :

$$\|\sum_1^n \varepsilon_i e_i\|_{(\ell^1,\ell^2)_{\theta,p}} \leq C_2 \|\sum_1^n \varepsilon_i e_i\|_{\ell^{\frac{2}{2-(\theta-\varepsilon)}}} \leq C_2\, n^{1-\frac{\theta-\varepsilon}{2}}$$

et de même :

$$\|\sum_1^n \varepsilon_i e_i\|_{(\ell^1,\ell^2)_{\theta,p}} \geq C_1\, n^{1-\frac{\theta+\varepsilon}{2}}$$

Pour les mêmes raisons que précédemment, on peut écrire, pour certaines constantes C_1', C_2', pour toute fonction $x(t) \in L^\infty$:

$$C_1' \|x\|_{L^{\frac{2}{\theta}-\varepsilon}} \leq \|x\|_{(L^\infty,L^2)_{\theta,p}} \leq C_2' \|x\|_{L^{\frac{2}{\theta}+\varepsilon}}$$

Posons $r = \frac{2}{\theta}+\varepsilon$; on a $r>2$, et l'espace L^r est de type 2 - Rademacher (cette notion a été introduite au chapitre IV, § 2) : on pourra, par exemple, trouver une démonstration de ce résultat, dû à W. Orlicz, dans B. Maurey [20].

Ceci signifie que l'on peut écrire pour une certaine constante K, pour toute suite finie d'éléments de L^r :

$$\int_0^1 \|\Sigma\, r_i(t)\, x_i\|_{L^r}\, dt \leq K \left(\Sigma \|x_i\|^2_{L^r}\right)^{1/2}$$

Supposons que $(\ell^1,\ell^2)_{\theta,p}$ soit isomorphe à un sous-espace de $(L^\infty,L^2)_{\theta,p}$; soit T l'isomorphisme et f_i les images des e_i par T.

Les (f_i) sont de norme bornée : soit $A = \sup_i \|f_i\|$. On a, pour tout n

$$\int_0^1 \|\sum_1^n r_i(t)\, f_i\|_{L^r}\, dt \leq K.A\;\; n^{1/2}$$

Mais pour chaque t,

$$\|\sum_1^n r_i(t)\, f_i\|_{L^r} \geq \frac{1}{\|T^{-1}\|}\, \|\sum_1^n r_i(t)\, e_i\|_{(\ell^1,\ell^2)_{\theta,p}}$$

$$\geq \frac{C_1}{\|T^{-1}\|}\, n^{1-\frac{\theta+\varepsilon}{2}}$$

et ceci implique, pour $C = \frac{KA\,\|T^{-1}\|}{C_1}$, $n^{1-\frac{\theta+\varepsilon}{2}} \leq C\, n^{1/2}$

qui est impossible pour n assez grand, puisque $\theta+\varepsilon<1$.

Ceci achève la construction de notre exemple. Remarquons qu'il est immédiat de vérifier que l'injection $(F_o,F_1)_{\theta,p} \to (A_o,A_1)_{\theta,p}$, dans ce cas, n'est pas un isomorphisme si $0<\theta<1$, car les fonctions de Rademacher engendrent une sous-espace isomorphe à ℓ^2 dans touts les $L^p (1 \leq p<\infty)$; le résultat que nous avons établi est beaucoup plus fort, puisqu'il assure qu'il n'existe aucun isomorphisme de $(F_o,F_1)_{\theta,p}$ sur un sous-espace de $(A_o,A_1)_{\theta,p}$.

Remarquons enfin, pour en terminer avec cet exemple, qu'il n'utilise pas la définition explicite des espaces d'Interpolation, mais seulement la formule

$$(L^{p_o}, L^{p_1})_{\theta,p} \approx L^p \quad \text{si} \quad \frac{1}{p} = \frac{1-\theta}{p_o} + \frac{\theta}{p_1} \ ;$$

il demeure donc valable pour tous les procédés d'Interpolation qui permettent d'obtenir cette formule.

Il y a toutefois deux cas importants où l'Interpolation "passe aux sous-espaces" : le premier, que nous allons maintenant étudier, est celui où ceux-ci sont complémentés; il est dû à Baouendi - Goulaouic [B 2]. Le second sera plus transparent sous la forme duale, en considérant des quotients.

<u>Proposition 2</u>

Soit P un opérateur linéaire continu de $\mathcal{S}$ dans $\mathcal{S}$, vérifiant $P^2 = P$. On suppose que P est continu de A_o dans A_o, et de A_1 dans A_1. Soit $F_o = P(A_o)$, $F_1 = P(A_1)$ (P est une projection de A_o sur F_o, et de A_1 sur F_1). Alors P est une projection de $(A_o,A_1)_{\theta,p}$ sur un sous-espace F de celui-ci, et $(F_o, F_1)_{\theta,p}$

est isomorphe à F.

Démonstration

Le premier point est une simple conséquence du théorème d'interpolation (proposition I. 2.2) : P opère de A_o dans lui-même, de A_1 dans lui-même, donc de $(A_o, A_1)_{\theta,p}$ dans lui-même.

Comme $P^2 = P$, P est une projection de $(A_o, A_1)_{\theta,p}$ sur un sous-espace F de celui-ci. Par ailleurs, toujours d'après le théorème d'interpolation, P opère continûment de $(A_o, A_1)_{\theta,p}$ dans $(F_o, F_1)_{\theta,p}$ et il y a une injection continue i du dernier espace dans le premier, avec $P \circ i = Id_{(F_o,F_1)_{\theta,p}}$. Il en résulte que $(F_o,F_1)_{\theta,p}$ coïncide algébriquement avec F, avec des normes équivalentes.

Pour les quotients, les choses sont moins claires en ce sens qu'il ne semble pas y avoir de définition canonique de $(A_o/F_o, A_1/F_1)_{\theta,p}$. Il y a toutefois un cas où cette définition est évidemment possible : celui où $F_o = F_1$ (alors contenu dans $A_o \cap A_1$). En effet, si l'on pose $F = F_o = F_1$, les espaces A_o/F et A_1/F sont contenus, avec injection continue, dans l'espace $\mathcal{S}/F$. Il est alors facile de voir que $(A_o,A_1)_{\theta,p}/F$ est, algébriquement, un sous-espace de $(A_o/F, A_1/F)_{\theta,p}$, avec :

$$\|x\|_{(A_o/F\ ,\ A_1/F)_{\theta,p}} \leq \|x\|_{(A_o,A_1)_{\theta,p}/F} \quad \forall x \in (A_o,A_1)_{\theta,p}/F$$

On peut se demander dans quel cas les espaces $(A_o, A_1)_{\theta,p}/F$ et $(A_o/F\ ,\ A_1/F)_{\theta,p}$ coïncident. La proposition suivante, due à G. Pisier [23], donne un exemple de cette situation, dans le cas $A_o \hookrightarrow A_1$:

Proposition 3

Si $A_o \hookrightarrow A_1$ et si les normes induites par A_o et A_1 coïncident sur F, on a l'égalité :

$$(A_o/F,\ A_1/F)_{\theta,p} = (A_o,\ A_1)_{\theta,p}/F \quad ,$$

avec des normes équivalentes.

Démonstration

Il nous reste à établir l'inclusion

$$(A_o/F\ ,\ A_1/F)_{\theta,p} \hookrightarrow (A_o,A_1)_{\theta,p}/F\ .$$

Pour cela, nous aurons besoin d'un lemme.

Lemme : Soit C la constante telle que $\|x\|_{A_o} \leq C\ \|x\|_{A_1}$, $\forall x \in F$.

Alors, pour tout $\varepsilon > 0$, tout $z \in A_o/F$, on peut trouver $y \in A_o$, avec $\dot{y} = z$ ($\dot{y}$ dés: gne la classe de y dans A_o/F), et :

$$\begin{cases} \|y\|_{A_o} \leq [1+\varepsilon+2(1+\varepsilon)\ C]\ \|z\|_{A_o/F} \\ \|y\|_{A_1} \leq [1+\varepsilon+2(1+\varepsilon)\ C]\ \|z\|_{A_1/F} \end{cases}$$

Démonstration du lemme

Choisissons z_o, z_1, avec $z_o \in A_o$, $z_1 \in A_1$, $\dot{z}_o = z$, $\dot{z}_1 = z$, et

$$\begin{cases} \|z_o\|_{A_o} \leq (1+\varepsilon)\ \|z\|_{A_o/F} \\ \|z_1\|_{A_1} \leq (1+\varepsilon)\ \|z\|_{A_1/F} \end{cases}$$

Alors $z_o - z_1 \in F$, donc $z_o - z_1 \in A_o$ et $z_1 \in A_o$, et on a :

$$\|z\|_{A_o} \leq \|z_o\|_{A_o} + \|z_o - z_1\|_{A_o} \leq (1+\varepsilon)\ \|z\|_{A_o/F} + C\ \|z_o - z_1\|_{A_1}$$

$$\leq (1+\varepsilon)\ \|z\|_{A_o/F} + C\ \|z_o\|_{A_1} + C\ \|z_1\|_{A_1}$$

$$\leq (1+\varepsilon)\ \|z\|_{A_o/F} + C\ \|z_o\|_{A_o} + (1+\varepsilon)\ C\ \|z\|_{A_1/F}$$

$$\leq [1+\varepsilon+(1+\varepsilon)\ C]\ \|z\|_{A_o/F} + (1+\varepsilon)\ C\ \|z\|_{A_1/F}$$

$$\leq [1+\varepsilon + 2(1+\varepsilon)\ C]\ \|z\|_{A_o/F}$$

et aussi

$$\|z\|_{A_1} \leq (1+\varepsilon)\ \|z\|_{A_1/F} \leq (1+\varepsilon)(1+2C)\ \|z\|_{A_1/F}\ ,$$

et z_1 est le relèvement cherché.

Revenons maintenant à la démonstration de la proposition. Soit $x \in (A_0/F,\ A_1/F)_{\theta,p}$ avec $\|x\|_{(A_0/F,\ A_1/F)_{\theta,p}} = 1$. Soit $\varepsilon > 0$. On peut trouver une décomposition de x en

$$x = \sum_{m \in \mathbb{Z}} u(m)\ ,\quad u(m) \in A_0/F \cap A_1/F \quad \forall m,\ \text{avec}$$

$$\begin{cases} \displaystyle\sum_{m \in \mathbb{Z}} \|e^{\xi_0 m} u(m)\|^p_{A_0/F} \leq (1+\varepsilon)^p \\ \displaystyle\sum_{m \in \mathbb{Z}} \|e^{\xi_1 m} u(m)\|^p_{A_1/F} \leq (1+\varepsilon)^p \ . \end{cases}$$

Soit v(m) le relèvement de u(m) donné par le lemme, pour chaque $m \in \mathbb{Z}$. On a :

$$\sum_{m \in \mathbb{Z}} \|e^{\xi_0 m} v(m)\|^p_{A_0} \leq [(1+\varepsilon)^2\ (1+2C)]^p$$

$$\sum_{m \in \mathbb{Z}} \|e^{\xi_1 m} v(m)\|^p_{A_1} \leq [(1+\varepsilon)^2\ (1+2C)]^p\ .$$

Il en résulte que la série $\sum_{m \in \mathbb{Z}} v(m)$ converge dans A_1 vers un point v, et donc $\sum_{m \in \mathbb{Z}} \dot{v}(m)$ converge vers $\dot{v}$ dans A_1/F. On a donc $\sum_{m \in \mathbb{Z}} u(m) = \dot{v}$, et $\dot{v} = x$. Il en résulte que :

$$\|x\|_{(A_0,\ A_1)_{\theta,p}/F} \leq \|v\|_{(A_0,\ A_1)_{\theta,p}} \leq (1+\varepsilon)^2\ (1+2C)$$

et donc

$$\|x\|_{(A_0, A_1)_{\theta,p}/F} \leq 1+2C\ ,$$

ce qui achève la démonstration de la proposition.

§ 2 Ultrapuissances et interpolation

Rappelons brièvement quelques définitions concernant les ultrapuissances d'espaces de Banach, renvoyant par exemple à [27] pour une présentation complète.

Soit $\mathcal{U}$ un ultrafiltre non trivial sur $\mathbb{N}$. Si E est un espace de Banach, considérons $\mathcal{N} = \{(x_n) \in E^{\mathbb{N}}, \|x_n\| \underset{\substack{n\to\infty \\ \mathcal{U}}}{\longrightarrow} 0\}$. Sur le quotient $E^{\mathbb{N}}/\mathcal{N}$, la formule $\|x\| = \lim_{\mathcal{U}} \|x_n\|$, si (x_n) appartient à la classe de x, définit une norme. $E^{\mathbb{N}}/\mathcal{N}$ devient un espace de Banach, on le note $E^{\mathbb{N}}/\mathcal{U}$.

N'importe quelle ultrapuissance $E^{\mathbb{N}}/\mathcal{U}$ est finiment représentable dans E, et l'ensemble des ces ultrapuissances rend compte des super-propriétés de E; en particulier E est super-réflexif si et seulement si toutes les ultrapuissances $E^{\mathbb{N}}/\mathcal{U}$ ($\mathcal{U}$ ultrafiltre non trivial sur les entiers) sont réflexives.

Si E et F sont deux espaces de Banach et T un opérateur continu de E dans F, T s'étend naturellement en un opérateur $\tilde{T}$ de $E^{\mathbb{N}}/\mathcal{U}$ dans $F^{\mathbb{N}}/\mathcal{U}$ (on notera $\tilde{E}$ et $\tilde{F}$ ces ultrapuissances).

On peut montrer (cela a été fait par l'auteur dans [4]) que l'opérateur $\tilde{T}$ est finiment représentable dans T, au sens que nous avons défini au chapitre V, § 2. Il en résulte que si T est uniformément convexifiant de E dans F, $\tilde{T}$ l'est aussi de $\tilde{E}$ dans $\tilde{F}$.

Nous allons maintenant définir l'interpolation entre ultrapuissances.

Soient A_0, A_1 deux sous-espaces d'un espace vectoriel $\mathcal{A}$, munis de normes, et soient $\mathcal{S} = A_0 + A_1$, $\mathcal{J} = A_0 \cap A_1$, normés comme on l'a dit au chapitre I, § 1. Pour un ultrafiltre non trivial $\mathcal{U}$ sur les entiers, considérons les ultrapuissances $\tilde{A}_0 = A_0^{\mathbb{N}}/\mathcal{U}$, $\tilde{A}_1 = A_1^{\mathbb{N}}/\mathcal{U}$, $\tilde{\mathcal{S}} = \mathcal{S}^{\mathbb{N}}/\mathcal{U}$, $\tilde{\mathcal{J}} = \mathcal{J}^{\mathbb{N}}/\mathcal{U}$. Les injections $j_0 : A_0 \to \mathcal{S}$, $j_1 : A_1 \to \mathcal{S}$ s'étendent canoniquement en des applications linéaires $\tilde{j}_0 : \tilde{A}_0 \to \tilde{\mathcal{S}}$, $\tilde{j}_1 : \tilde{A}_1 \to \tilde{\mathcal{S}}$, mais ces extensions ne sont plus des injections. Nous sommes donc amenés à considérer les quotients $\tilde{A}_0/\ker \tilde{j}_0$, $\tilde{A}_1/\ker \tilde{j}_1$. Il existe maintenant des injections, notées j'_0, j'_1, de $\tilde{A}_0/\ker \tilde{j}_0$ dans $\tilde{\mathcal{S}}$ et de $\tilde{A}_1/\ker \tilde{j}_1$ dans $\tilde{\mathcal{S}}$. Il est alors possible de définir $\tilde{A}_0/\ker \tilde{j}_0 + \tilde{A}_1/\ker \tilde{j}_1$ et $(\tilde{A}_0/\ker \tilde{j}_0) \cap (\tilde{A}_1/\ker \tilde{j}_1)$ comme on l'a fait au chapitre I, § 1 (remarquons au passage que le premier espace ne coïncide pas avec $\tilde{\mathcal{S}}$ en général), et donc les espaces d'interpolation

$(\widetilde{A}_o/\ker\widetilde{j}_o\,,\,\widetilde{A}_1/\ker\widetilde{j}_1)_{\theta,p}$. Nous les noterons plus simplement $(\widetilde{A}_o,\widetilde{A}_1)_{\theta,p}$.

Il n'est pas exact que les espaces $(\widetilde{A}_o,\widetilde{A}_1)_{\theta,p}$ et $((A_o,A_1)_{\theta,p})^{\mathbb{N}}/\mathcal{U}$ coïncident en général (même lorsque $A_o \hookrightarrow A_1$). Prenons en effet l'exemple, déjà étudié, où $A_o = L^{\varphi}([0,1],\,dt)$, avec $\varphi(t) = t(1+\mathrm{Log}(1+t))$, et $A_1 = L^1([0,1],dt)$. L'injection $i\ :\ A_o \to A_1$ est uniformément convexifiante, donc faiblement compacte, et donc les espaces $(A_o,A_1)_{\theta,p}$ $(0<\theta<1,\ \ 1<p<\infty)$ sont réflexifs. L'extension $\widetilde{i}$, de $\widetilde{A}_o$ dans $\widetilde{A}_1$, est aussi uniformément convexifiante, donc le quotient i', de $\widetilde{A}_o/\ker\widetilde{i}$ dans $\widetilde{A}_1$ l'est aussi. Donc les espaces $(\widetilde{A}_o,\widetilde{A}_1)_{\theta,p}$ sont aussi réflexifs. S'ils coïncidaient (pour tout ultrafiltre $\mathcal{U}$) avec $[(A_o,A_1)_{\theta,p}]^{\mathbb{N}}/\mathcal{U}$ l'espace $(A_o,A_1)_{\theta,p}$ serait super-réflexif, mais nous avons vu au chapitre V § 2 qu'avec ce choix de A_o et A_1 ce n'était pas le cas.

L'espace $[(A_o,\ A_1)_{\theta,p}]^{\mathbb{N}}/\mathcal{U}$, noté $\widetilde{A}$, n'est pas non plus un sous-espace de $\widetilde{\mathcal{Y}}$. Mais si nous considérons le quotient $\widetilde{A}/\ker\widetilde{j}$ (j est l'injection de A dans $\mathcal{Y}$, $\widetilde{j}$ son extension à $\widetilde{A}$, à valeurs dans $\widetilde{\mathcal{Y}}$), nous pouvons définir une injection continue, notée $\dot{\widetilde{j}}$, partant de cet espace et à valeurs dans $\widetilde{\mathcal{Y}}$. Algébriquement, les espaces $\widetilde{A}/\ker\widetilde{j}$ et $(\widetilde{A}_o,\widetilde{A}_1)_{\theta,p}$ s'identifient donc à des sous-espaces de $\widetilde{\mathcal{Y}}$. Il y a une inclusion entre ces deux espaces, et leurs normes sont comparables. En effet :

<u>Proposition 1</u>

Il existe une injection continue de $\widetilde{A}/\ker\widetilde{j}$ dans $(\widetilde{A}_o,\widetilde{A}_1)_{\theta,p}$.

<u>Démonstration</u>

Nous allons d'abord définir une application de $\widetilde{A}$ dans $(\widetilde{A}_o,\widetilde{A}_1)_{\theta,p}$, montrer qu'elle passe au quotient $\widetilde{A}/\ker\widetilde{j}$ et donne une injection.

Soit $x \in E$. On peut le représenter par

$$x = (x_i)_{i\in\mathbb{N}}\ ,\ x_i \in A = (A_o,\ A_1)_{\theta,p} \qquad \forall i$$

et

$$\|x\|_{\widetilde{A}} = \lim_{\substack{i\to\infty \\ \mathcal{U}}} \|x_i\|_A$$

Par définition, x_i peut s'écrire :

$$x_i = u_i(n) + v_i(n) \quad \forall n ,$$

avec

$$\begin{cases} \|e^{\xi_0 n} u_i(n)\|_{\ell^p(A_0)} < \infty \\ \|e^{\xi_1 n} v_i(n)\|_{\ell^p(A_1)} < \infty \end{cases}$$

et l'on a :

$$\|x_i\|_A = \inf_{u_i(n)+v_i(n)=x_i \ \forall n} \max(\|e^{\xi_0 n} u_i(n)\|_{\ell^p(A_0)}, \|e^{\xi_1 n} v_i(n)\|_{\ell^p(A_1)})$$

Choisissons $u_i(n)$ et $v_i(n)$ de façon que pour chaque i on ait :

$$\|x_i\|_A \geq \max(\|e^{\xi_0 n} u_i(n)\|_{\ell^p(A_0)}, \|e^{\xi_1 n} v_i(n)\|_{\ell^p(A_1)}) - \frac{1}{i} .$$

Notons a(n) l'élément de $\widetilde{A}_0$ représenté par $(u_i(n))_{i \in \mathbb{N}}$, b(n) l'élément de $\widetilde{A}_1$ représenté par $(v_i(n))_{i \in \mathbb{N}}$. Notons a'(n) la classe de a(n) dans $\widetilde{A}_0/\ker \widetilde{j}_0$, b'(n) celle de b(n) dans $\widetilde{A}_1/\ker \widetilde{j}_1$. L'élément a'(n) + b'(n) de $\widetilde{\mathfrak{S}}$ est indépendant de n ; notons-le $\widetilde{x}$.

On a :

$$\|e^{\xi_0 n} a'(n)\|_{\ell^p(\widetilde{A}_0/\ker \widetilde{j}_0)} = (\sum_n \lim_{\substack{i \to \infty \\ \mathcal{U}}} \|e^{\xi_0 n} u_i(n)\|^p_{A_o})^{1/p}$$

$$\leq \lim_{\substack{i \to \infty \\ \mathcal{U}}} (\sum_n \|e^{\xi_0 n} u_i(n)\|^p_{A_o})^{1/p} \leq \|x\|_E$$

et de même

$$\|e^{\xi_1 n} b'(n)\|_{\ell^p(\widetilde{A}_1/\ker \widetilde{j}_1)} \leq \|x\|_E$$

Donc $\widetilde{x}$ est un élément de F, avec

$$\|\tilde{x}\|_F \leq \max(\|e^{\xi_0 n} a'(n)\|_{\ell^p(\tilde{A}_0/\ker \tilde{j}_0)} , \|e^{\xi_1 n} b'(n)\|_{\ell^p(\tilde{A}_1/\ker \tilde{j}_1)})$$

$$\leq \|x\|_E$$

Il est clair que $\tilde{x}$ ne dépend pas du choix de la représentation de x_i en $u_i(n) + v_i(n)$ $\forall n$; on vérifie également qu'il ne dépend pas du choix des $(x_i)_{i \in \mathbb{N}}$.

Il nous reste à voir que l'application ainsi construite est définie sur $\tilde{A}/\ker \tilde{j}$. Supposons que l'on ait $\tilde{j}(x) = 0$, ce qui signifie que si (x_i) est un représentant de x

$$\lim_{\substack{i \to \infty \\ \mathcal{U}}} \|x_i\|_{\mathfrak{I}} = 0$$

La classe de $(u_i(n) + v_i(n))_i$ est donc 0 dans $\mathfrak{F}$, pour chaque n, et donc $a(n) + b(n) = 0$, et $\tilde{x} = 0$; l'application $x \to \tilde{x}$ est alors définie sur le quotient $\tilde{A}/\ker \tilde{j}$.

Il est facile de voir qu'il s'agit d'une injection : si $\tilde{x} = 0$, on a $a'(n) + b'(n) = 0$, d'où

$$\tilde{j}_0(a(n)) + \tilde{j}_1(b(n)) = 0$$

ce qui signifie

$$\|u_i(n) + v_i(n)\|_{\mathfrak{I}} \xrightarrow[\substack{i \to \infty \\ \mathcal{U}}]{} 0$$

donc

$$\|x_i\|_{\mathfrak{I}} \xrightarrow[\substack{i \to \infty \\ \mathcal{U}}]{} 0$$

et $\tilde{j}(x) = 0$ dans $\mathfrak{F}$, ou $x \in \ker \tilde{j}$; ceci achève notre démonstration.

***

BIBLIOGRAPHIE

A) Références utilisées dans le présent ouvrage

[1] E. Asplund — Averaged norms. Israël J. of Maths 5, (1967), 227-233.

[2] S. Banach — Théorie des Opérations linéaires. Varsovie 1933.

[3] B. Beauzamy — Opérateurs uniformément convexifiants. Studia Math. t 57/1.

[4] B. Beauzamy — Quelques propriétés des Opérateurs uniformément convexifiants. Studia Math. t 60/3.

[5] B. Beauzamy — Opérateurs de type Rademacher. Exposés n° 6 - 7 - Séminaire Maurey-Schwartz 1975/76 - Ecole Polytechnique - Paris.

[6] B. Beauzamy — Propriétés Géométriques des Espaces d'Interpolation, Exposé n° 14 - Séminaire Maurey - Schwartz 1974/75. Ecole Polytechnique - Paris.

[7] B. Beauzamy — Propriété de Banach - Saks. A paraître à Studia Math. t 66/3.

[8] B. Beauzamy — Quelques propriétés topologiques des Espaces d'Interpolation dans le cadre général. Preprint Centre de Mathématiques de l'Ecole Polytechnique, Juin 1977.

[9] B. Beauzamy — Propriété de Banach - Saks et Modèles étalés; factorisation des propriétés de Banach - Saks, Exposés III et V - Séminaire "Géométrie des Espaces de Banach" 1977/78, Ecole Polytechnique - Palaiseau.

[10] B. Beauzamy — Analyse fonctionnelle et Introduction à la Géométrie des Espaces de Banach, Cours de 3è Cycle à l'Université de Paris VII, 1er Semestre 1976/77. Publication du Centre de Mathématiques de l'Ecole Polytechnique - Palaiseau.

[11] M. Cwikel Monoticity properties of Interpolation spaces. Pub. Analyse Harmonique d'Orsay 1974.

[12] W.J. Davis, T. Figiel, W.B. Johnson, A. Pełczyński : Factoring weakly compact operators , J. of Funct. Anal. Vol.17, n°3, Nov 74.

[13] Dunford - Schwartz : Linear Operators Tome 1, Wiley Interscience, New York.

[14] P. Enflo Banach Spaces which can be given an equivalent uniformly convex norm. Israël J. of Maths. 13(1972) p. 281 - 288.

[15] R.C. James Weak compactness and reflexivity , Israël J. of Maths, Vol. 2, n° 2, June 1964.

[16] R.C. James Uniformly non - square Banach Spaces. Ann. of Maths. Vol 80, n° 3, Nov 1964, p. 542-550.

[17] R.C. James Some self dual properties of normed linear spaces. Ann. Math. Studies n° 69, p. 159 - 175.

[18] F. Lévy Stage de DEA - Juin 1977 - Université Paris VII.

[19] J.L. Lions - J. Peetre : Sur une classe d'Espaces d'Interpolation . Ann. de l'I.H.E.S n° 19.

[20] B. Maurey Théorèmes de factorisation. Astérisque n° 11

[21] B. Maurey-H.P. Rosenthal : Normalized weakly null sequences with no unconditional subsequences. A paraître à Studia Math.

[22] J. Peetre Nouvelles propriétés d'espaces d'Interpolation Note C.R.A.S. Paris 4 fev. 1963 p.1424-1426.

[23] G. Pisier Type des Espaces normés ; sur les Espaces qui ne contiennent pas de $\ell^1_{(n)}$ uniformément. Exposés n° 3 et 7 - Séminaire Maurey - Schwartz 1973/74 - Ecole Polytechnique - Paris.

[24] G. Pisier Une nouvelle classe d'Espaces de Banach vérifiant le théorème de Grothendieck. A paraître aux Ann. de l'Institut Fourier.

[25] H.P. Rosenthal A characterization of Banach Spaces containing ℓ_1. Proceedings N.A.S. U.S.A, Vol. 71 , n° 6, 2411 - 2413, June 1977.

[26] H.P. Rosenthal Weakly independent sequences and the Banach - Saks property. Proceedings of the Durham Symposium on the relations between infinite dimensional and finite dimensional convexity. July 1975.

[27] L. Schwartz Propriété de Radon-Nikodym. Exposés n° 5 et 6, Séminaire Maurey - Schwartz 1974/75 , Ecole Polytechnique - Paris.

[28] J. Stern Propriétés locales et ultrapuissances d'Espaces de Banach. Exposés n° 7 et 8 - Séminaire Maurey - Schwartz 1974/75 - Ecole Polytechnique - Paris.

B) Références Historiques

[1] N. Aronszajn et E. Gagliardo : Interpolation spaces and Interpolation methods - Techn. Report. 3(1964) Univ. of Kansas.

[2] M.S. Baouendi et C. Goulaouic : Commutation de l'Interpolation et des foncteurs d'Interpolation. Note C.R.A.S. Paris t 265, p 313 - 315 (1967)

[3] I. Bergh et J. Löfström : Interpolation spaces , Springer Verlag B 223.

[4] P.L. Butzer et H. Berens : Semi - groups of Operators and approximation . Springer Verlag B 145.

[5] A. Calderon Intermediate Spaces and Interpolation : the complex method. Studia Math. 24(1964), p 113-190.

[6] S. Krein Sur la notion d'échelle normale d'espaces. Doklady Akad. Nauk SSSR t 138(1961) p. 763 - 766.

[8] H. Morimoto Sur la réflexivité de l'espace $S(p_o,\xi_o,A_o;\ p_1,\xi_1,A_1)$. Note C.R.A.S. Paris t 264 , p 325 - 328, 13 fev. 1967.

INDEX